稀疏学习与分类

杨丽霞　张瑞　杨淑媛◎著

清华大学出版社

北京

内 容 简 介

　　稀疏学习是机器学习的一个热门分支,被广泛应用于诸多学科。本书系统介绍了近年来稀疏学习与分类领域常见的理论及技术,并结合作者多年的研究成果,展示了相关理论及技术在 HIC 领域的实践情况。全书共 5 章,主要内容包括稀疏学习的基本工具、稀疏学习的数学基础、最小二乘支持向量机、基于拉普拉斯支持向量机的 HIC 及基于张量稀疏编码的 HIC 等。

　　本书可作为高等学校遥感、测绘、地理信息、计算机等相关专业的学生了解高光谱影像分类方法的教材,也可以作为相关专业的科研工作者和工程技术人员的参考书。

图书在版编目(CIP)数据

稀疏学习与分类 / 杨丽霞,张瑞,杨淑媛著. -- 北京:清华大学出版社,2025.8.
ISBN 978-7-302-69950-7

Ⅰ. TP181

中国国家版本馆 CIP 数据核字第 2025U4S785 号

责任编辑:崔　彤　李　晔
封面设计:李召霞
责任校对:刘惠林
责任印制:刘　菲

出版发行:清华大学出版社
　　　　网　　　址:https://www.tup.com.cn,https://www.wqxuetang.com
　　　　地　　　址:北京清华大学学研大厦 A 座　　　　邮　　　编:100084
　　　　社 总 机:010-83470000　　　　　　　　　　　邮　　　购:010-62786544
　　　　投稿与读者服务:010-62776969,c-service@tup.tsinghua.edu.cn
　　　　质量反馈:010-62772015,zhiliang@tup.tsinghua.edu.cn
　　　　课件下载:https://www.tup.com.cn,010-83470236
印 装 者:三河市天利华印刷装订有限公司
经　　销:全国新华书店
开　　本:186mm×240mm　　印　张:9.25　　　　　　字　　数:208 千字
版　　次:2025 年 8 月第 1 版　　　　　　　　　　　印　　次:2025 年 8 月第1次印刷
印　　数:1~1000
定　　价:69.00 元

产品编号:096448-01

前言
PREFACE

稀疏性是人类感知世界的一个主要特征,与自然环境的统计特性之间存在必然联系。通过稀疏性来改善机器学习系统性能,既符合实际问题的模型,也和研究者们追求精简的表示、求解方式的愿望相一致。因此,近年来稀疏学习得到了越来越多的关注,如今在各个学科均有研究和应用。

本书系统介绍了近年来稀疏学习与分类领域常见的理论及技术,并结合作者多年的研究成果,展示了相关理论及技术在高光谱影像分类领域的实践情况。

本书共分5章。第1章首先介绍了稀疏表示和压缩感知这两种稀疏学习的基本工具,然后讲述了高光谱遥感技术成像原理以及高光谱影像的特性。之后,简要介绍了高光谱影像分类这一高光谱影像处理的有效途径,并讲述了高光谱影像分类的难点问题与典型方法。稀疏学习研究主要有两个方向:一是挖掘利用数据的各种稀疏性,使数据的表示大为简化,减少计算,从而获得对于数据"宏观"特征的把握;二是开发网络结构稀疏的模型,用极少量参数发挥最重要作用,具有可解释性强、预测阶段计算复杂度低的优势,典型代表为各种稀疏学习机。本书第2~4章重点研究模型的稀疏性,第5章关注数据的稀疏性。第2章讲述了稀疏学习机的定义、存在性和泛化性等数学基础。第3章和第4章分别介绍了两种稀疏学习机的理论及其针对高光谱影像分类等问题的实现过程。第5章从高光谱数据的稀疏性出发,介绍了3种基于张量稀疏编码的分类器及其在高光谱影像分类中的应用。

本书适合对机器学习或者遥感影像处理感兴趣的研究人员和工程技术人员阅读。本书可作为遥感、测绘、地理信息、计算机等专业的本科生和研究生了解高光谱影像分类方法的教材,也可以作为相关专业的科研工作者和工程技术人员的参考书。

本书得到了国家自然科学基金地区项目(62466047、62361051)、国家自然科学基金面上项目(62171357)、宁夏大学"双一流"建设项目以及宁夏自然科学基金重点项目(2022AAC02005)的资助。

　　书中列出了所引用的全部文献,在此对这些参考文献的著者表示感谢。同时,书中所有仿真实验中程序的参考来源和所使用公测数据的来源均以链接网址的形式给出,在此对网站和相关著者以及数据提供者表示衷心感谢。

　　由于著者水平有限,本书难免存在不足之处,敬请读者批评指正。

著　者

2024 年 9 月

目 录
CONTENTS

第 1 章

绪　　论

　　稀疏性是人类感知世界的一个主要特征,与自然环境的统计特性之间存在必然联系。通过稀疏性来改善机器学习系统性能,既符合实际问题的模型,也和研究者们追求精简的表示、求解方式的愿望相一致。因此,近年来稀疏学习得到了越来越多的关注,在各个学科均有研究和应用。本章简要介绍了稀疏学习的两种重要理论工具(稀疏表示和压缩感知)和一个典型应用领域(高光谱遥感)。

1.1　稀疏学习

1.1.1　稀疏表示

　　稀疏表示是近二十年来一个非常引人关注的研究领域。稀疏表示的目的是在给定的超完备字典中用尽可能少的原子来表示数据(包括图像、视频以及其他形式的数据),可以获得数据更为简洁的表示方式,从而使我们更容易地获取数据中所蕴含的信息,更便于对数据进行加工处理,如压缩、编码等[1]。

　　稀疏表示最早产生于信号处理领域。在稀疏表示理论未提出前,正交字典和双正交字典因为其数学模型简单而得到广泛应用,然而它们有一个明显的缺点就是自适应能力差,不能灵活全面地表示信号。1993 年,Mallat 基于小波分析提出了信号可以用一个超完备字典进行表示,从而开启了稀疏表示的先河[2]。而后,研究人员脱离信号的背景将稀疏表示应用于一般性的领域。

　　稀疏表示的两大主要任务就是字典生成和数据稀疏分解。对于字典的选择,一般有分析字典和学习字典两大类。常用的分析字典有过完备小波字典[3]、过完备离散余弦变换字典[4]和曲波字典[5]等,用分析字典进行数据的稀疏表示虽然简单易实现,但数据的表达形式单一且不具备自适应性;反之,学习字典的自适应能力强,能够更好地适应不同的图像数据。根据学习字典的过程中是否使用类标签,可以把现有的学习字典方法分为无监督字典学习(如 K-SVD 算法、局部约束线性编码算法和稀疏变异字典学习等)[6-8]和有监督字典学习(如判别式 K-SVD 算法、Fisher 判别字典学习算法和子模块化字典学习等)[9-11]。

寻找数据的最稀疏表示通常是一个非确定性多项式时间困难(Non-deterministic Polynomial-time hard,NP-hard)问题。为了解决这一问题,研究者提出了两类稀疏分解算法——贪婪算法和松弛算法。贪婪算法用迭代求解寻找 ℓ_0 范数最小化问题的近似解。贪婪算法在每次迭代中寻找最佳的局部最优解,从而获得最优的整体解[12]。经典的贪婪算法有匹配追踪算法[2]、正交匹配追踪算法[13]、分段式正交匹配追踪算法[14]以及前向-后向追踪算法[15]等。在一定的条件下,ℓ_0 范数最小化问题可以等价转化为具有 ℓ_1 范数正则化的优化问题[16]。ℓ_1 范数优化问题有解析解,可以在多项式时间内求解。该类问题通常用松弛算法来求解。典型代表有梯度投影稀疏重建算法[17]、基于截断牛顿的内点法[18]以及基于交替方向法的稀疏表示策略[19]等。

目前,稀疏表示在各个工程应用中都有较好的表现,在模式识别、计算机视觉和图像处理领域表现尤为突出。近年来,该理论在测绘遥感领域内也有了较大的突破,如张良培等用稀疏表示理论对高光谱影像做了展望[20];刘帆等则将字典学习技术和遥感图像融合相结合[21];李丽等在对遥感图像做超分辨率重建过程中利用了非参数下的贝叶斯字典学习[22]。未来,稀疏表示理论还会在更多的领域崭露头角。

1.1.2　压缩感知

压缩感知(Compressed Sensing,CS)又称压缩采样(Compressive Sampling,CS)。以信号的稀疏性(或可压缩性)为前提的压缩采样理论是建立在矩阵分析、概率统计、拓扑几何、优化与运筹学、泛函分析等基础上的一种新的信息获取与处理的理论框架[23-24]。

压缩采样理论指出,低维空间、低分辨率、欠奈奎斯特(Nyquist)采样数据的非相关观测能够恢复原高维信号[23-24]。其思想概括如下:在信号具有稀疏性的前提下(即信号 $x = \Psi\theta,\Psi \in \Re^{N \times N}$ 为变换基,$\theta = [\theta_1,\theta_2,\cdots,\theta_N]^T$ 为系数,其稀疏度为 $\|\theta\|_0 = S$),通过选择合适的观测波形(将其表示为观测矩阵 Φ),仅需要 $S+1$ 次观测[$y = \Phi x (\Phi \in \Re^{M \times N}, M = S+1 < N)$],就可以将稀疏信号 x 以高概率精确重建,压缩感知提供了一条将模拟信号"经济地"转换为数字形式的压缩信号的有效途径:利用变换空间描述信号(即稀疏表示),通过采集少量"精挑细选"的观测数据,将信号的采样转变为信息的采样,再求解一个非线性优化问题,进而从观测数据中恢复原始信号。

压缩采样理论使得从少量观测数据中恢复全部的信息成为可能,丰富了关于信号恢复的优化策略,极大地促进了数学理论和工程应用的结合。它既是传统信息论的一个延伸,又超越了传统的压缩理论,成为一个崭新的子分支。压缩采样理论一经提出,就引起了学术界和工业界的广泛关注,其影响席卷了应用科学的多个学科,并在信息论、图像处理、地球科学、光学、微波成像、模式识别、无线通信、大气、地质等领域受到高度关注。

1.2 高光谱遥感

1.2.1 高光谱遥感技术

遥感(remote sensing)具有"遥远感知"的意思,它可以对地表事物进行非接触的、远距离的探测,是一种新型的对地观测手段。近代遥感起源于 20 世纪 60 年代的粗空间分辨率气象卫星数据的获取。1972 年,首颗地球资源系列卫星"陆地卫星 1 号"(Landsat-1)的成功发射将人类的对地观测范围从地表延拓到太空。同时,这也开启了延续到今天的遥感技术科研活动[25]。

遥感技术通过传感器等设备记录电磁波谱在地面目标上的反射或辐射,然后对采集到的数据进行处理和解译,从而收集地表特征的信息,最终实现对地面目标的判断和识别[26]。

相较于传统对地观测技术由于时间约束、代价巨大以及观测的不可重复性等导致的从区域到全局的尺度不足问题,遥感技术可以采集数据的概观图像并可对数据重复采集,极大地提高了人类从区域到全局尺度的对地观测能力。

作为遥感对地观测的一种重要手段,在过去几十年里,光学遥感的硬件技术在不断进步。这促使光学遥感成像朝着空间分辨率更高、光谱分辨率更细以及重访时间更短的方向发展。因此光学遥感图像包含的地物信息越来越丰富,原有的宽波段式的多光谱遥感技术[27]已渐渐不能满足科学研究的需要,基于成像光谱学(imaging spectroscopy)的高光谱遥感(hyperspectral remote sensing)技术于 20 世纪 80 年代应运而生。高光谱遥感通过机载或星载成像光谱仪在可见光到短波红外(或者热红外)范围内的许多个相互邻接和重叠的狭窄光谱波段上同时采集地表目标(或特定场景)上的辐射数据,如图 1-1(a)所示。这种在数十个或数百个非常狭窄的光谱波段上同时采集所获取的光谱连续影像数据被称为高光谱影像(Hyper-Spectral Image,HSI),其光谱分辨率达到 $10^{-2}\lambda$ 数量级,远远高于许多地表物质吸收特性所表现的光谱分辨率范围(20~40nm),可以成功识别许多用宽波段影像不能识别的相似地表物质及现象。

相较于其他遥感数据,高光谱影像具有"图谱合一"的特性。高光谱影像可以被看作从地表目标(或特定场景)的每个空间像素获取的一个具有数百元素的光谱向量(每个光谱向量构成一条反映地物类别信息的连续曲线),也可以被视作一系列表示各个谱段(波长区间)辐射值的图像(这些图像代表了地物的空间分布图)。这使得高光谱影像可以被表示为一个高光谱数据的立方体,如图 1-1(b)所示,它将反映地物空间位置关系的图像信息与反映地物辐射特性的光谱信息结合在一起,拥有更为充分的地物种类的判别信息。

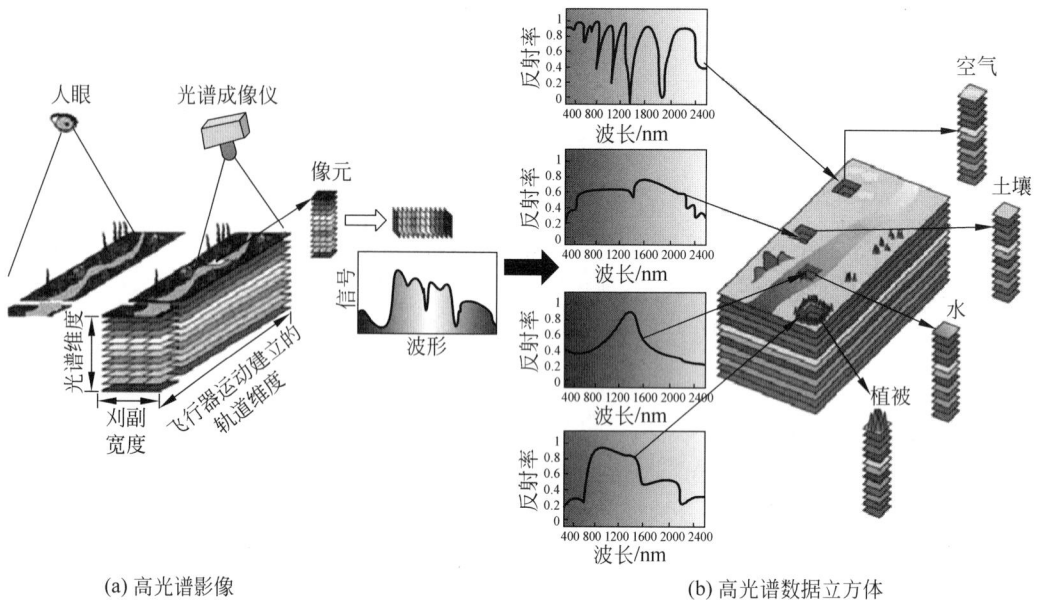

(a) 高光谱影像　　　　　　　　　　　　　　　(b) 高光谱数据立方体

图 1-1　高光谱影像数据

1.2.2　高光谱遥感影像分类

高光谱影像所包含的丰富的地物信息在理论分析和实际应用中均有很高的价值。与高光谱影像相关的信息处理技术受到了国内外的广泛关注,大量的人力和财力被投入此项研究中并获得了十分迅速的发展。在这些处理技术中,高光谱影像分类(Hyperspectral Imagery Classification,HIC)是其中的一个研究重点。HIC 将复杂的地物现象简化为少量的一般性类别,它是人们从遥感影像上提取有用信息的一种有效途径,近年来已成为高光谱遥感分析技术的一个活跃的研究领域。但是高光谱遥感的成像机制和数据采集方式使得对高光谱影像进行分类时存在以下难点。

1. 维数灾难

随着高光谱成像技术的发展,高光谱影像的光谱分辨率越来越高,使得高光谱数据的维数增加。这不仅增加了运算的复杂度,而且对于固定的标记样本,会出现在谱段数目超过某个界限时 HIC 精度随数据维数的增加而下降的现象("休斯"现象)[27]。一方面,要保证传统分类方法用于 HIC 时的分类精度,需要大量的标记像素。另一方面,在高光谱影像中标记样本需要专业领域知识,更糟糕的是,在许多危险或紧急情况下,是不可能获得地物标记的。所以,可用的标记样本的数目通常是有限的。因此在只有有限标记样本的情况下,保证 HIC 的分类精度是一个具有挑战性的问题。

2. 数据量大

21 世纪以来,同时具有高光谱分辨率和高空间分辨率的成像系统成为遥感成像技术的研究重点。这虽然使得高光谱影像包含的信息更丰富,提高了其识别能力,但同时也使 HIC 所需的存储量和计算量呈指数规律增长。虽然软硬件技术的发展能在一定程度上缓解该问题,但是在实践中人们希望能实现更为快速的实时或近实时处理。因此,如何在保证分类精度的前提下提高分类效率,同样是 HIC 中一个十分重要的问题。

3. 混合像元

如果高光谱像元由单一光谱特征主导,则称为纯像元。但是,受光谱成像仪的空间分辨率有限、地面复杂性和一些客观因素的影响,高光谱影像中的单个像元通常包含多种地面对象,这称为混合像元[28]。当检测单元的瞬时视场对应包含一些具有不同属性的目标的地面范围时,所得像元为混合像元,如图 1-2 所示。混合像元的存在导致高光谱影像中可能会存在两种常见的现象。

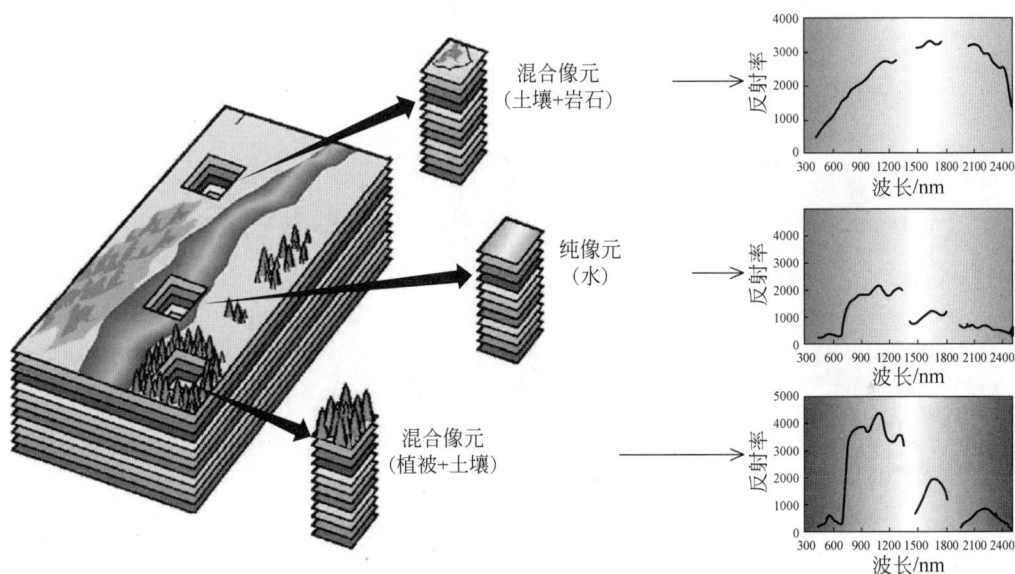

图 1-2　混合像元

(1)"同物异谱",即不同目标区域中的同一种类的物体可能具有明显的光谱差异,如图 1-3 所示。

(2)"同谱异物",即不同类型的地物像素可能具有相同的光谱曲线,如图 1-4 所示[29]。这两种现象严重影响了高光谱影像的分类精度,特别是对线性物体和小物体的分类。

4. 线性不可分

在高光谱影像采集过程中,复散射、亚像素级别的异构性、空气影响以及几何失真等多种原因导致其光谱特征具有非线性性。这种非线性性是对传统机器学习技术的线性可分性提出的一个重大挑战性问题。

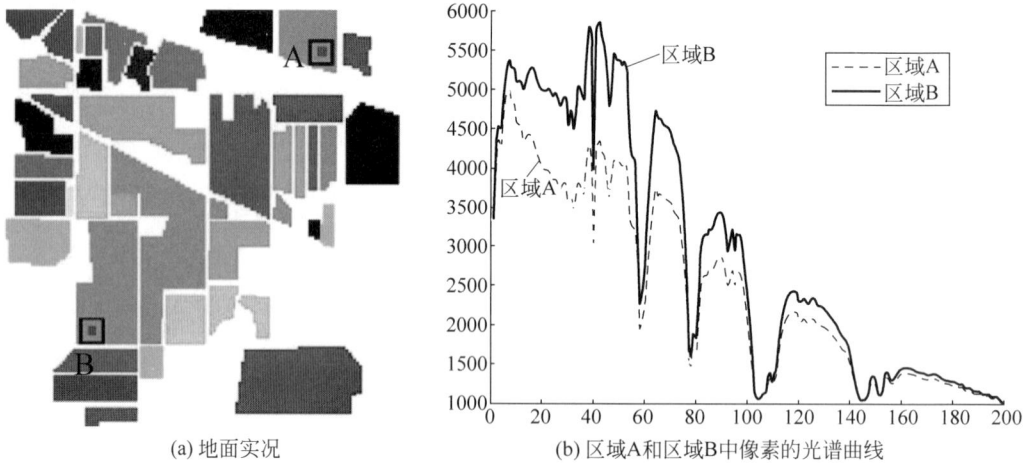

(a) 地面实况　　　　　　　　　(b) 区域A和区域B中像素的光谱曲线

图 1-3　同物异谱

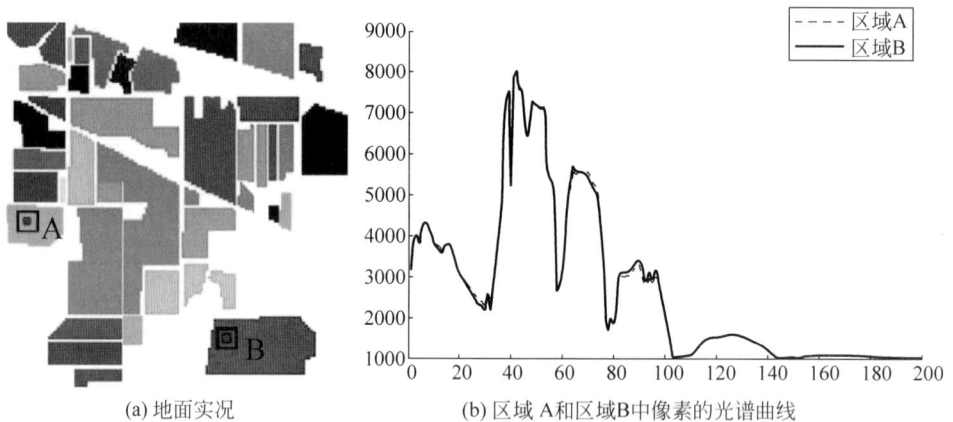

(a) 地面实况　　　　　　　　　(b) 区域 A 和区域B中像素的光谱曲线

图 1-4　同谱异物

　　维数灾难、数据量大、存在混合像元及线性不可分等问题制约了 HIC 精度和效率的提高,成为 HIC 中的瓶颈问题。研究能有效解决这些问题的 HIC 方法,从高光谱影像中提取更多的有用信息,使其服务于国计民生,是一个值得关注的方向,具有重大的理论和应用意义。

1.2.3　高光谱遥感影像分类方法概述

　　HIC 过程的两个主要环节是特征挖掘和分类器设计。高光谱影像是一组包含丰富信息的高维数据。但是,并非所有的光谱特征对于 HIC 都是重要且有用的。原始光谱特征空间可能不是用于区分数据的最有效空间。近年来,大家已经认识到仅使用光谱特征限制了 HIC 的效果,提出需要将上下文信息结合到 HIC 中。新的空间特征[30-32]和纹理特征[33]被构造出来。这些空间特征和纹理特征与原始光谱特征一起构成了候选特征库。然后应用特征选择[32]或特征提取[34-35]为后续的 HIC 过程找到有效的特征,整个过程可以被称为特征挖掘[36]。

分类器设计是根据训练样本确定分类器的过程。它是 HIC 的关键要素,最近得到了越来越多的关注。如今,许多机器学习技术已用于设计 HIC 分类器,包括无监督聚类[37-38]和有监督分类方法[39-77]。用于 HIC 的两种最常见的聚类方法是 K 均值(K-means)聚类[37]和迭代自组织数据分析技术算法(Iterative Self Organizing Data Analysis Techniques Algorithm,ISODATA)[38]。HIC 的监督分类方法同时使用高光谱影像的光谱信息和标签信息。因此,它们能够获得更准确的 HIC 结果,从而更受欢迎。根据所使用的机器学习技术,可用于 HIC 的监督分类器分为 3 类:生成式模型[39-43]、判别式模型[44-63]和稀疏编码分类器(Sparse Coding based Classifier,SCC)[64-73]。

1. 基于生成式模型的 HIC 方法

生成式模型学习高光谱数据的联合概率。它主要侧重于各种数据的分布。它的基本思想是学习每种类型样本的输入特征和标签特征的联合分布,并在此分布的基础上生成带标签的样本。在预测过程中,根据贝叶斯规则计算后验概率,然后将最可能的标签分配给每个样本[74]。近年来,已经使用了诸如条件随机场[39]、逻辑斯蒂回归[40]、随机森林[41]、高斯过程分类器[42]、马尔可夫随机场[43]等生成式模型并对其进行了改进,以设计更适合于 HIC 的分类器,并获得了良好的分类结果。但是,生成式模型对样本的分布提出了过于严格的假设,例如,服从高斯先验分布或多峰高斯条件分布。实际的高光谱数据无法满足这些假设,这将影响 HIC 的精确性。

2. 基于判别式模型的 HIC 方法

判别式模型学习条件概率。它主要关注各种类型的高光谱数据的分类边界。判别学习的基本思想是:通过研究在给出样本的输入特征时标记特征的后验概率,或学习从输入特征到标记特征的直接映射,来获得类别之间的决策边界[74]。在 HIC 领域,判别式模型受到广泛关注。研究人员提出并改进了各种用于 HIC 的判别式分类器,包括 k 近邻(k-Nearest Neighbor,k-NN)[44]、决策树[45-46]、线性判别分析(Linear Discriminative Analysis,LDA)[47]、人工神经网络(Artificial Neural Network,ANN)[48]和支持向量机(Support Vector Machine,SVM)[49-63]。

k 近邻算法是最简单的机器学习算法之一。它基于高光谱像素近邻的多数投票来执行 HIC。即使没有有关数据分布的任何先验知识,它也可以获得良好的性能。但是分类性能取决于 k 的设置。

决策树方法是一种将诸如光谱值等特征值作为参考,分层地、依次地进行比较的方法。

决策树方法可以获得非线性映射并形成易于理解的规则。但是,直接将决策树用于 HIC 时分类性能不好[45]。

LDA 使用线性判别函数来最大化判别能力。它可以有效地分离多光谱图像的可用类别。但是,估计 LDA 中的类别协方差矩阵需要大量标记样本,而这些样本对于高光谱影像而言很难获得。因此,LDA 对 HIC 中的休斯效应较为敏感。

ANN 是对人脑神经网络的简单模拟。它是通过数学方法简化、抽象和模拟人脑神经网络而获得的模型。人工神经网络可以很好地处理非线性数据,其网络结构便于计算机并行处理,因此计算速度较快。因此,它在运行速度和分类精度上具有明显优势。但是 ANN 在 HIC 中也有一些缺陷:由于高光谱数据的维数高,因此该方法需要较长的迭代时间,并且容易陷入局部最优;在实际应用中,需根据具体数据和以往经验确定结构参数。另外,在训练过程中容易出现"过拟合"和"欠拟合",影响分类结果。

在判别式模型中,SVM 能够给出出色的分类结果。SVM 基于结构风险最小化(Structural Risk Minimization,SRM)原理,通过使用紧凑的拓扑结构在偏差和方差之间进行权衡,该拓扑结构由少量精心选择的支持向量确定[75]。SVM 可以使用较少量的标记样本有效地处理较大的输入空间,并以稳健的方式处理噪声样本[49],因此它非常适合用于 HIC,并且近年来在精确性和稳健性方面表现卓越[49-51]。为了约简输入空间的维数,以便更好地利用有限的可用训练样本,文献[52]将基于子空间投影的概念扩展到 SVM,并提出了 SVMsub 模型。此外,用于 HIC 的 SVM 方法已应用在前列腺癌检测[53]、地物分类[54]和植物病虫害检测[55]等许多领域,并获得了良好的效果。

然而,事实证明,SVM 没有充分利用高光谱影像中包含的丰富信息[56]。为了进一步提高 HIC 的精度,高光谱影像中的其他信息已被引入了 SVM 框架。一方面,应该注意的是,大量未标记的样本中包含大量的未标记信息,无须花费大量成本即可获得这些信息。一些利用这些未标记信息对 SVM 进行的半监督改进已被提出并将其应用于 HIC[56-59]。例如,直推式支持向量机(Transductive SVM,TSVM)通过包含标记和未标记像素的直推式方式逐步搜索可靠的分离超平面[56];拉普拉斯支持向量机(Laplacian SVM,LapSVM)用图拉普拉斯(Graph Laplacian)引入了标记和未标记数据几何上的附加正则算子[57-58];文献[59]提出了一种半监督的 SVM,它通过聚类核的方式在局部对训练核表示进行正则化以利用未标记样本中的信息。

另一方面,还应当注意,像素及其近邻像素之间存在空间相关性。空间相关信息被引入用于 HIC 的 SVM 中。文献[60]中采用了将光谱信息和空间信息相结合的复合核。该框架被扩展为通过多核学习和广义复合核[61]的凸组合获得的核。但是,这两种核学习方法均需在计算核之前提取空间特征。此外,计算复合核的空间邻域被从固定大小的方窗改进为具有任意形状和大小的区域[62]。还有其他文献也提出了图核的定义。图核并没有明确地计算核,只获取邻域中的多尺度高阶关系[63]。

3. 基于稀疏编码分类器的 HIC 方法

尽管高光谱数据的维数很高,但属于同一类的像素通常位于一个低维子空间中。基于这一特性,提出了一种稀疏信号表示方法。在该方法中,信号被假定可以用结构化字典中少量训练样本的线性组合表示。基于该假设,Wright 等于 2009 年在文献[76]中提出了 SCC 算法,并将其应用于人脸识别。预先排列的训练样本被用作字典来稀疏地表示测试样本,并且通过使用稀疏系数来预测测试样本的类别。SCC 算法是一种介于判别式方法和生成式方法之间的分类算法。它不需要调参,可自适应地学习每个测试样本的稀疏系数。此外,稀疏系数在每个样本类别所在的子空间内具有隐性竞争力。因此,它具有判别性。Chen 等通过将相邻像素之间的纹理信息添加到 SCC,提出了一种基于联合稀疏编码的分类器(Jointly Sparse Coding based Classifier,JSCC),用于高光谱影像的地物分类[64]。与传统的逐像素方法相比,该方法具有更好的分类效果,可以达到在当时最高的分类精度。该工作提出后受到遥感领域的广泛关注。近年来,涌现出了各种对 JSCC 的改进工作,用于提高其分类精度[65-71]、稳健性[71-72]和速度[73]。

1.3 本书的内容及组织

稀疏学习研究主要关注两种稀疏性:第一种是模型的稀疏性;第二种是数据的稀疏性。本书分别在第 2～4 章和第 5 章基于这两种稀疏性讨论稀疏学习方法的理论及其在 HIC 等应用领域的实践情况。本书主要内容如下。

(1) 第 2 章先简要介绍压缩感知的基本概念和原理,然后介绍稀疏学习机的定义、存在性和泛化性等数学基础,为后续了解稀疏学习机的方法与应用奠定基础。

(2) 第 3 章基于最近发展的 CS 理论,提出两种稀疏最小二乘支持向量机(Least Square Support Vector Machine,LS-SVM)模型:一种是耦合的压缩修剪 LS-SVM,另一种是受耦合压缩感知启发的稀疏空谱 LS-SVM。除了介绍这两种稀疏学习机的理论,本章还分别介绍它们在模式识别、函数逼近和 HIC 问题中的应用。

(3) 第 4 章介绍稀疏拉普拉斯 SVM 这种半监督学习机的理论及其在半监督 HIC 问题中的实现过程。

(4) 第 5 章基于高光谱影像数据的稀疏性,提出 3 种基于张量稀疏编码的模型:具有空间近邻张量的混合概率稀疏编码分类器(Hybrid Probabilistic Sparse Coding based Classifier with Spatial Neighbor Tensor,HPSCC-SNT)、伴随压缩维数约简的切片稀疏编码张量分类器(Slice Sparse Coding Tensor based Classifier with Compressive Dimensionality Reduction,SSCTC-CDR)以及基于核张量切片稀疏编码的分类器(Kernel Tensor Slice Sparse Coding-based Classifier,KTSSCC)。本章详细介绍它们的理论及其对 HIC 问题的实现过程。

参考文献

[1] 郭金库,刘光斌,余志勇,等.稀疏信号表示理论及其应用[M].北京:科学出版社,2013.

[2] Mallat S G,Zhang Z. Matching pursuits with time-frequency dictionaries[J]. IEEE Transactions on Signal Processing,1993,41(12): 3397-3415.

[3] Simoncelli E,Adelson E. Noise removal via bayesian wavelet coring[C]. International Conference on Image Processing,1996,1: 379-382.

[4] 刘艳,李宏东.DCT 域图象处理和特征提取技术[J].中国图象图形学报:A 辑,2003,8(2): 8.

[5] Starck J,Candes E,Donoho D. The curvelet transform for image denoising[J]. IEEE Transactions on Image Processing,2002,11(6): 670-684.

[6] Aharon M E M,Bruckstein A. K-svd: An algorithm for designing overcomplete dictionaries for sparse representation[J]. IEEE Transactions on Signal Processing,2006,54(11): 4311-4322.

[7] Wang J,Yang J,K. Yu K, et al. Locality-constrained linear coding for image classification[C]. Proceedings of the IEEE Conference on Computer Vision and Pattern Recognition,2010: 3360-3367.

[8] Yang M,Van L,Zhang L. Sparse variation dictionary learning for face recognition with a single sample per person[C]. Proceedings of the IEEE International Conference on Computer Vision (ICCV),2013: 689-696.

[9] Zhang Q,Li B. Discriminative K-SVD for dictionary learning in face recognition[C]. Proceedings of the IEEE Conference on Computer Vision and Pattern Recognition,2010: 2691-2698.

[10] Yang Y,Zhang D,Feng X. Fisher discrimination dictionary learning for sparse representation[C]. Proceedings of the IEEE International Conference on Computer Vision,2011: 543-550.

[11] Jiang Z,Zhang G,Davis L S. Submodular dictionary learning for sparse coding[C]. Proceedings of the IEEE Conference on Computer Vision and Pattern Recognition,2012: 3418-3425.

[12] Tropp J A. Greed is good: Algorithmic results for sparse approximation[J]. IEEE Transactions on Information Theory,2004,50(10): 2231-2242.

[13] Pati Y C,Rezaiifar R,Krishnaprasad P S. Orthogonal matching pursuit: Recursive function approximation with applications to wavelet decomposition[C]. Proceedings of the Twenty-Seventh Asilomar Conference on Signals,Systems and Computers,1993: 40-44.

[14] Donoho D L,Tsaig Y,Drori I,et al. Sparse solution of underdetermined systems of linear equations by stagewise orthogonal matching pursuit[J]. IEEE Transactions on Information Theory,2012,58(2): 1094-1121.

[15] Karahanoglu N B,Erdogan H. Compressed sensing signal recovery via forward-backward pursuit[J]. Digital Signal Processing,2013,23(5): 1539-1548.

[16] Zheng Z. A Survey of Sparse Representation: Algorithms and Applications[J]. IEEE Access,2017,3: 490-530.

[17] Figueiredo M,Nowak R D,Wright S J. Gradient projection for sparse reconstruction: Application to compressed sensing and other inverse problems[J]. IEEE Journal of Selected Topics in Signal Processing,2007,1(4): 586-597.

[18] Portugal L F,Resende M,Veiga G,et al. A truncated primal-infeasible dual-feasible network interior point method[J]. Networks,2000,35(2): 91-108.

［19］ Yang J，Zhang Y. Alternating direction algorithms for ℓ_1-problems in compressive sensing［J］. SIAM Journal on Scientific Computing，2011，33(1)：250-278.

［20］ 张良培，李家艺. 高光谱影像稀疏信息处理综述与展望［J］.遥感学报，2016，20(5)：1091-1101.

［21］ 刘帆，裴晓鹏，张静，等.基于优化字典学习的遥感图像融合方法［J］.电子与信息学报，2018，40(12)：2804-2811.

［22］ 李丽，隋立春，康军梅，等.非参数贝叶斯字典学习的遥感影像超分辨率重建［J］.测绘通报，2018(7)：5-8.

［23］ Donoho D L. Compressed sensing［J］. IEEE Transactions on Information Theory，2006，52(4)：1289-1306.

［24］ Candès E J，Wakin M B. An introduction to compressive sampling［J］. IEEE Signal Processing Magazine，2008，25(2)：21-30.

［25］ Rogan J，Chen D M. Remote sensing technology for mapping and monitoring land-cover and land-use change［J］. Progress in Planning，2004，61(5)：301-325.

［26］ Dash J，Ogutu B O. Recent advances in space-borne optical remote sensing systems for monitoring global terrestrial ecosystems［J］. Progress in Physical Geography，2016，40(2)：322-351.

［27］ Landgrebe D A. Signal Theory Methods in Multispectral Remote Sensing［M］. New York：Wiley，2003.

［28］ Richards J A，Jia X. Remote Sensing Digital Image Analysis［M］. Berlin：Springer，1999.

［29］ 崔燕.光谱成像仪定标技术研究［D］.西安：中国科学院西安光学精密机械研究所，2009.

［30］ Chanussot，Jocelyn，Xiyan，et al. Random subspace ensembles for hyperspectral image classification with extended morphological attribute profiles［J］. IEEE Transactions on Geoscience and Remote Sensing，2015，53(9)：4768-4786.

［31］ Menon V，Prasad S，Fowler J E. Hyperspectral classification using a composite kernel driven by nearest-neighbor spatial features［C］. Proceedings of the International Conference on Image Processing (ICIP) 2015. IEEE，2100-2104.

［32］ Li H，Xiang S，Zhong Z，et al. Multicluster spatial-spectral unsupervised feature selection for hyperspectral image classification［J］. IEEE Geoscience and Remote Sensing Letters，2015，12(8)：1660-1664.

［33］ Mirzapour F，Ghassemian H. Improving hyperspectral image classification by combining spectral，texture，and shape features［J］. International Journal of Remote Sensing，2015，36(4)：1070-1096.

［34］ Zhang L，Zhang L，Tao D，et al. Tensor discriminative locality alignment for hyperspectral image spectral-spatial feature extraction［J］. IEEE Transactions on Geoscience and Remote Sensing，2013，51(1)：242-256.

［35］ Li F，Xu L，Wong A，et al. Feature extraction for hyperspectral imagery via ensemble localized manifold learning［J］. IEEE Geoscience and Remote Sensing Letters，2015，12(12)：2486-2490.

［36］ Jia X，Kuo B C，Crawford M M. Feature mining for hyperspectral image classification［J］. Proceedings of the IEEE，2013，101(3)：676-697.

［37］ Ghamisi P，Ali A R，Couceiro M S，et al. A novel evolutionary swarm fuzzy clustering approach for hyperspectral imagery［J］. IEEE Journal of Selected Topics in Applied Earth Observations and Remote Sensing，2015，8(6)：2447-2456.

［38］ Qian W，Li Q，Liu H，et al. An improved ISODATA algorithm for hyperspectral image classification ［C］. 7th International Congress on Image and Signal Processing (CISP)，2014：660-664.

[39] Li F,Xu L,Siva P,et al. Hyperspectral image classification with limited labeled training samples using enhanced ensemble learning and conditional random fields[J]. IEEE Journal of Selected Topics in Applied Earth Observations and Remote Sensing,2015,8(6): 2427-2438.

[40] Li J,Bioucas-Dias J M,Plaza A. Semisupervised hyperspectral image classification using soft sparse multinomial logistic regression[J]. IEEE Geoscience and Remote Sensing Letters,2013,10(2): 318-322.

[41] Amini S,Homayouni S,Safari A. Semi-supervised classification of hyperspectral image using random forest algorithm[C]. 2014 IEEE Geoscience and Remote Sensing Symposium. 2014: 2866-2869.

[42] Sun S,Zhong P,Xiao H,et al. Active learning with Gaussian process classifier for hyperspectral image classification[J]. IEEE Transactions on Geoscience and Remote Sensing,2015,53(4): 1746-1760.

[43] Sun L,Wu Z,Liu J,et al. Supervised spectral-spatial hyperspectral image classification with weighted Markov random fields[J]. IEEE Transactions on Geoscience and Remote Sensing,2015,53(3): 1490-1503.

[44] Huang K,Li S,Kand X,et al. Spectral-spatial hyperspectral image classification based on KNN[J]. Sensing and Imaging,2016,17(1): 1-13.

[45] Pal M,Mather P M. An assessment of the effectiveness of decision tree methods for land cover classification[J]. Remote Sensing of Environment,2003,86(4): 554-565.

[46] Al-Obeidat F,Al-Taani A T,Belacel N,et al. A fuzzy decision tree for processing satellite images and landsat data[J]. Procedia Computer Science,2015,52(1): 1192-1197.

[47] Bandos T V,Bruzzone L,Camps-Valls G. Classification of hyperspectral images with regularized linear discriminant analysis[J]. IEEE Transactions on Geoscience and Remote Sensing,2009,47(3): 862-873.

[48] Lin N,Yang W,Wang B. Hyperspectral image classification on KMNF and BP neural network[J]. Computer Engineering and Design,2013,8: 142-145.

[49] Camps-Valls G, Gómez-Chova L, Calpe-Maravilla J, et al. Robust support vector method for hyperspectral data classification and knowledge discovery[J]. IEEE Transactions on Geoscience and Remote sensing,2004,42(7): 1530-1542.

[50] Plaza J,Plaza A J,Barra C. Multi-channel morphological profiles for classification of hyperspectral images using support vector machines[J]. Sensors,2009,9(1): 196-218.

[51] Li C-H,Kuo B-C,Lin C-T,et al. A spatial-contextual support vector machine for remotely sensed image classification[J]. IEEE Transactions on Geoscience and Remote Sensing,2012,50(3): 784-799.

[52] Gao L,Li J,Khodadadzadeh M,et al. Subspace-based support vector machines for hyperspectral image classification[J]. IEEE Geoscience and Remote Sensing Letters,2015,12(2): 349-353.

[53] Akbari H,Halig L V,Schuster D M,et al. Hyperspectral imaging and quantitative analysis for prostate cancer detection[J]. Journal of Biomedical Optics,2012,17(7): 0760051-07600510.

[54] Kavoglu T,Colkesen I. A kernel functions analysis for support vector machines for land cover classification[J]. International Journal of Applied Earth Observation and Geoinformation,2009,11(5): 352-359.

[55] Rumpf T,Mahlein A-K,Steiner U,et al. Early detection and classification of plant diseases with support vector machines based on hyperspectral reflectance[J]. Computers and Electronics in

Agriculture,2010,74(1): 91-99.

[56] Bruzzone L,Chi M,Marconcini M. A novel transductive SVM for semisupervised classification of remote-sensing images[J]. IEEE Transactions on Geoscience and Remote Sensing,2006,44(11): 3363-3373.

[57] Gu Y,Feng K. Optimized Laplacian SVM with distance metric learning for hyperspectral image classification[J]. IEEE Journal of Selected Topics in Applied Earth Observations and Remote Sensing,2013,6(3): 1109-1117.

[58] Yang L,Yang S,Jin P,et al. Semi-supervised hyperspectral image classification using spatio-spectral Laplacian support vector machine[J]. IEEE Geoscience and Remote Sensing Letters,2014,11(3): 651-655.

[59] Tuia D,Camps-Valls G. Semisupervised remote sensing image classification with cluster kernels[J]. IEEE Geoscience and Remote Sensing Letters,2009,6(2): 224-228.

[60] Camps-Valls G,Gómez-Chova L,Munoz-Mari J,et al. Composite kernels for hyperspectral image classification[J]. IEEE Geoscience and Remote Sensing Letters,2006,3(1): 93-97.

[61] Li J,Reddy Marpu P,Plaza A,et al. Generalized composite kernel framework for hyperspectral image classification[J]. IEEE Transactions on Geoscience and Remote Sensing,2013,51(9): 4816-4829.

[62] Peng J,Zhou Y,Chen C P. Region-kernel-based support vector machines for hyperspectral image classification[J]. IEEE Transactions on Geoscience and Remote Sensing,2015,53(9): 4810-4824.

[63] Camps-Valls G,Shervashidze N,Borgwardt K M. Spatio-spectral remote sensing image classification with graph kernels[J]. IEEE Geoscience and Remote Sensing Letters,2010,7(4): 741-745.

[64] Chen Y,Nasrabadi N M,Tran T D. Hyperspectral image classification using dictionary based sparse representation[J]. IEEE Transactions on Geoscience and Remote Sensing,2011,49(10): 3973-3985.

[65] Du P,Xue Z,Li J,Plaza A. Learning discriminative sparse representations for hyperspectral image classification[J]. IEEE Journal of Selected Topics in Signal Processing,2015,9(6): 1089-1104.

[66] 朱勇,吴波. 光谱与空间维双重稀疏表达的高光谱影像分类[J]. 地球信息科学学报,2016,18(2): 263-271.

[67] Fu W,Li S,Fang L,et al. Hyperspectral image classification via shape-adaptive joint sparse representation[J]. IEEE Journal of Selected Topics in Applied Earth Observations and Remote Sensing,2016,9(2): 556-567.

[68] Gan L,Xia J,Du P,et al. Dissimilarity-weighted sparse representation for hyperspectral image classification[J]. IEEE Geoscience and Remote Sensing Letters,2017,14(11): 1968-1972.

[69] Zhang H,Li J,Huang Y,et al. A nonlocal weighted joint sparse representation classification method for hyperspectral imagery[J]. IEEE Journal of Selected Topics in Applied Earth Observations and Remote Sensing,2014,7(6): 2056-2065.

[70] Bai J,Zhang W,Gou Z. Nonlocal-similarity-based sparse coding for hyperspectral imagery classification[J]. IEEE Geoscience and Remote Sensing Letters,2017,14(9): 1474-1478.

[71] Cui M,Prasad S. Class-dependent sparse representation classifier for robust hyperspectral image classification[J]. IEEE Transactions on Geoscience and Remote Sensing,2015,53(5): 2683-2695.

[72] Peng J,Du Q. Robust joint sparse representation based on maximum correntropy criterion for hyperspectral image classification[J]. IEEE Transactions on Geoscience and Remote Sensing,2017, 55(12): 7152-7164.

[73] Wu Z,Wang Q,Plaza A,et al. Parallel implementation of sparse representation classifiers for

hyperspectral imagery on GPUs[J]. IEEE Journal of Selected Topics in Applied Earth Observations and Remote Sensing,2015,8(6):2912-2925.

[74] Batista L,Granger E,Sabourin R. Dynamic selection of generative-discriminative ensembles for off-line signature verification[J]. Pattern Recognition,2012,45(4):1326-1340.

[75] Cristianini N,Shawetaylor J. An Introduction to Support Vector Machines[M]. Beijing：China Machine Press,2005.

[76] Wright J,Yang A Y,Ganesh A,et al. Robust face recognition via sparse representation[J]. IEEE Transactions on Pattern Analysis and Machine Intelligence,2009,31(2):210-227.

第 2 章

稀疏学习的数学基础

为了在后续章节中更好地讨论稀疏学习方法及其在 HIC 等应用领域的实践情况,本章简要介绍稀疏学习的一些数学基础。稀疏学习研究主要关注两种稀疏性:模型的稀疏性(主要体现为稀疏学习机)和数据的稀疏性。在本书中,无论是构建稀疏学习机,还是从满足特定稀疏性的数据中无损地恢复数据,均依赖近年来飞速发展的压缩采样理论。因此,本章先简要回顾一下压缩采样中的一些符号和定理,然后介绍稀疏学习机的定义、存在性和泛化性能等相关数学基础。

2.1 压缩感知的数学基础

传统信号或者图像采样多遵循香农采样定理,即采样频率为信号频率最大值(奈奎斯特采样频率)的 2 倍。

Candes 等提出了一种新的信号处理思路——压缩采样。在这种新方法下,采样频率会大大降低。压缩采样依赖两条原则:稀疏性和不相干性。前者从属于信号,后者从属于感知模式。

(1) 稀疏性(sparsity)。稀疏性表达的概念是连续时间信号的信息采集率可能要比按带宽选择的采集率小得多,或者说离散时间信号依赖的自由度数要比其长度小得多。更明确地说,压缩采样探索如下事实:许多自然信号在下述意义下是稀疏的或可压缩的,即用适当的基 Ψ 表示时,它们有更简洁的表达。

(2) 不相干性(incoherence)。不相干性延伸了时间与频率之间的对偶性,它表达的概念是:正如时间域内的狄拉克信号和尖峰信号在频率域内是展开的那样,以 Ψ 稀疏表示的对象,在获取它们的区域内一定是展开的。

极为重要的是,人们可以设计出有效的感知或采样方案,捕捉嵌入在稀疏信号内的有用信息内容,并将其压缩成少量数据。这些方法不是自适应的,且只需要将信号与少量不符合稀疏波形特征的固定波形相关联;此外,有利用数值优化由采集的少量数据重构全长信号的方法。换言之,压缩采样是一种非常简单有效的信息捕获方法,它以与信号无关的方式和低采样频率采样,而后根据看似不完整的观测数据集通过计算重构信号。

2.1.1 感知问题

信号 y 感知机制为

$$u_k = \langle y, \varphi_k^T \rangle, \quad k=1,2,\cdots,M \tag{2-1}$$

也就是说,只需要将要获得的对象与波形 φ_k 相关联,这是一个标准架构。例如,如果检测波形是 Dirac-delta 函数,那么 u 就是 y 在时间或空间一个采样值的向量;如果检测波形是像素的指示函数,那么 u 就是数字相机中传感器特别采集的图像数据;如果检测波形是正弦函数,那么 u 就是傅里叶系数。磁共振成像(Magnetic Resonance Imaging,MRI)使用的就是这种检测模态。

由于常见原因很多,例如,传感器数量有限,或者某些借助中子散射获取图像的花费极为昂贵,或者类似 MRI 等检测过程缓慢,只能对对象施行几次观测等,欠采样的情况极为常见,可得到的观测数 M 远小于信号 y 的维数 N。

欠采样情况可能会产生一些重要问题:根据 $M \ll N$ 次测量能够准确地重构信号吗? 能够设计出 $M \ll N$ 个检测波形,捕获到大多数关于 y 的信息吗? 如何根据这些信息逼近 y? 毫无疑问,这些都是很难解决的问题,因为可能需要解欠定线性方程组。

令 $\boldsymbol{\Phi}$ 是以 $\varphi_1^*, \varphi_2^*, \cdots, \varphi_M^*$ 为行的 $M \times N$ 观测矩阵,φ^* 是 φ 的复转置。当 $M < N$ 时,由 $u = [u_1, u_2, \cdots, u_M] = \boldsymbol{\Phi} y \in \mathfrak{R}^M$ 恢复 $y \in \mathfrak{R}^N$ 的过程一般不是适定的,有无穷多组解。此时,一般会根据具体问题提出相应的解决办法,这就是本节要讨论的问题。

2.1.2 稀疏性和不相干性

1. 稀疏性

通过选择合适的基,许多自然信号都有简洁表示,考虑如图 2-1 的图像及其小波变换,尽管原始图像几乎所有的像素都是非零的,但小波系数提供的简明汇总是:绝大部分小波系数的值是小的,为数不多的大系数捕捉了有关对象的主要信息。

用数学的语言进行描述,即有一个向量 $y \in \mathfrak{R}^N$(如图 2-1 中的 N 像素图像),以正交基(如小波基)$\boldsymbol{\Psi} = [\psi_1, \psi_2, \cdots, \psi_N] \in \mathfrak{R}^{N \times N}$ 展开如下

$$y(t) = \sum_{j=1}^N a_j \boldsymbol{\Psi}_j(t) \tag{2-2}$$

$a = [a_1, a_2, \cdots, a_N] \in \mathfrak{R}^N$ 是 y 的一个系数序列;$a_j = \langle y, \boldsymbol{\Psi}_j \rangle$。将 y 表示为 $\boldsymbol{\Psi} a$,稀疏性的含义就变得很清楚:当信号有稀疏展开时,可以丢掉小系数而不会失真。按正式的说法,考虑在展开式(2-2)中只保留 $\{a_j\}$ 的 S 个最大值对应的项得到的 $y_S(t)$。根据定义 $y_S := \boldsymbol{\Psi} a_S$,在这里和下文中,$a_S$ 就是系数序列 a 除了 S 个最大值外其余都设置为 0。这个向量在严格意义上是稀疏的,因为除了它的少数项外,其余项都是 0。称这种至多有 S 个非零元的对象

为 S 稀疏的。由于 $\boldsymbol{\Psi}$ 是正交基,则有

$$\| \boldsymbol{y} - \boldsymbol{y}_S \|_{\ell_2} = \| \boldsymbol{a} - \boldsymbol{a}_S \|_{\ell_2}$$

如果 $\{a_j\}$ 按绝对值排序后快速衰减,则其 $\boldsymbol{a}$ 是稀疏的或可压缩的,$\boldsymbol{a}$ 就能很好地用 $\boldsymbol{a}_S$ 逼近,误差 $\| \boldsymbol{y} - \boldsymbol{y}_S \|_{\ell_2}$ 就很小。通俗地说,就是除了几个大系数外去掉其余系数,不会造成太大的损失。

例如,对图 2-1(a)给出的像素值在[0,255]区间的百万像素原始图像,按照图 2-1(b)给出的小波变换系数(系数按随机顺序排列,可以增强可见性)进行小波变换。相对较少的小波系数可以捕获大部分的信号能量,所以许多这样的图像是高度可压缩的。通过将小波展开中除最大的 25 000 个以外的所有系数设置为 0(像素值阈值范围为[0,255])得到的重建图像,与原始图像的区别不明显,几乎觉察不到百万像素图像与去掉 97.5% 系数的近似图像之间的差别。

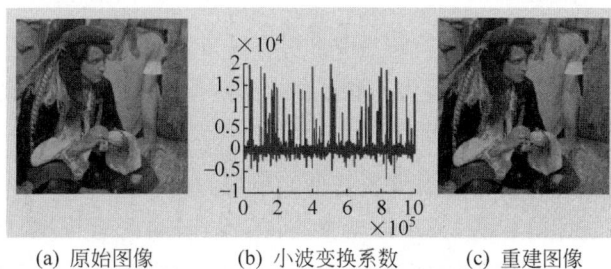

(a) 原始图像　　　(b) 小波变换系数　　　(c) 重建图像

图 2-1　图像稀疏性示例

这一原理为现代有损编码基础,如 JPEG-2000 及其他编码器,由于有了一种数据压缩的简单方法,将只需根据 $\boldsymbol{y}$ 计算 $\boldsymbol{a}$,然后(自适应地)对 S 个重要系数的值及位置进行编码。这种压缩方法需要知道所有 N 个系数 $\boldsymbol{a}$,由于事先不知道重要信息片段的位置(它们与信号有关,在我们的例子中有集聚在图像边缘的趋势,其位置事先未知)。在更一般的意义上,稀疏性是一种基本的建模特性,它允许有效的基本信号处理。例如,精确的统计估计和分类,有效的数据压缩,等等。本节要研究的是信号稀疏性在数据采集过程中所具有的重要作用。稀疏性决定着人们如何能够有效、非自适应地获取信号。

2. 不相干采样

假定给定 $\Re^N$ 内一组正交基 $(\boldsymbol{\Phi}, \boldsymbol{\Psi})$,第一个基 $\boldsymbol{\Phi} \in \Re^{N \times N}$ 用于像式(2-1)那样感知对象 $\boldsymbol{y}$,第二个基 $\boldsymbol{\Psi} \in \Re^{N \times N}$ 用于表示 $\boldsymbol{y}$ 这一对基的限制不是必要的,仅仅为了简化处理。

【**定义 2.1**[1]】　感知基 $\boldsymbol{\Phi}$ 和表示基 $\boldsymbol{\Psi}$ 之间的相干度:

$$\mu(\boldsymbol{\Phi}, \boldsymbol{\Psi}) = \sqrt{N} \max_{1 \leqslant k \leqslant M, 1 \leqslant j \leqslant N} |\langle \boldsymbol{\varphi}_k, \boldsymbol{\Psi}_j \rangle| \tag{2-3}$$

通俗地说,相干度度量 $\boldsymbol{\Phi}$ 和 $\boldsymbol{\Psi}$ 中任意两个元素之间的最大相关性。如果 $\boldsymbol{\Phi}$ 和 $\boldsymbol{\Psi}$ 包含相干元,则相干度 μ 的值很大;否则 μ 的值很小。无论 $\boldsymbol{\Phi}$ 和 $\boldsymbol{\Psi}$ 的大小如何,根据线性代数其值均

满足

$$\mu(\boldsymbol{\Phi}, \boldsymbol{\Psi}) \in \left[1, \sqrt{N}\right]$$

压缩采样主要与低相干度对有关,下面给出这类相干度对的一些例子。

【例 2-1】 $\boldsymbol{\Phi}$ 是正则或尖峰基

$$\varphi_k(t) = \delta(t - k)$$

$\boldsymbol{\Psi}$ 是傅里叶基

$$\psi_j(t) = N^{-\frac{1}{2}} e^{i2\pi jt/N}$$

由于 $\boldsymbol{\Phi}$ 是观测矩阵,这对应时间或空间上经典的采样方案。时间频率对遵循 $\mu(\boldsymbol{\Phi}, \boldsymbol{\Psi}) = 1$,因此有最大的不相干性。此外,尖峰信号和正弦波不仅在一维上,而且在任何维(二维、三维等)上都是最大不相干的。

【例 2-2】 $\boldsymbol{\Psi}$ 是小波基,$\boldsymbol{\Phi}$ 取噪声波(Noiselet)。噪声波同哈尔(Harr)小波基的相干度是 $\sqrt{2}$,同多贝西(Daubechies)D4 和 D8 小波的相干度分别是 2.2 和 2.9。延伸至高维情况也是如此,噪声波同尖峰信号也是最大不相干的,同傅里叶基不相干。我们对噪声波的兴趣来自如下事实。

(1)它们与提供图像数据和其他类型数据的稀疏表示的系统不相干。

(2)它们有非常快速的算法,噪声波变换在 $O(N)$ 时间内运行,和傅里叶变换一样,噪声波矩阵在作用于向量时不需要存储,这对于有效的数值计算是极为重要的,这一点是压缩采样实用化的基础。

【例 2-3】 随机矩阵同任何固定基 $\boldsymbol{\Psi}$ 都是高度不相干的。可以通过在单位球上独立均匀采样的 N 个向量正交化,均匀随机地选一个正交基 $\boldsymbol{\Phi}$,那么,$\boldsymbol{\Phi}$ 和 $\boldsymbol{\Psi}$ 的相干度很大,大约为 $\sqrt{2\log N}$。甚至于,具有独立同分布元素(例如,高斯型或 ± 1 二进制元)的随机波形 $\{\varphi_k(t)\}$ 也将展示出与固定表示 $\boldsymbol{\Psi}$ 有非常低的相干性。注意,这里有一个非常奇特的暗示:如果不相干系统的感知是良好的,那么高效的机制应该获得同随机波形的关联,如白噪声。

3. 欠采样和稀疏信号重建

从理论上说,本来观测的是 $\boldsymbol{y}$ 的 N 个系数,但是如果只观测它们的子集,并依据式(2-1)采集数据

$$\{u_k\}_{k=1}^M, \quad M < N$$

有了这些信息,就可以通过 ℓ_1 范数($\|\boldsymbol{a}\|_{\ell_1} := \sum_i |a_i|$)极小化恢复信号。所提出的重构 $\boldsymbol{y}^*$ 由 $\boldsymbol{y}^* = \boldsymbol{\Psi}\boldsymbol{a}^*$ 给出,$\boldsymbol{a}^*$ 是下述凸优化问题的解:

$$\min_{\widetilde{\boldsymbol{a}} \in \mathfrak{R}^N} \parallel \widetilde{\boldsymbol{a}} \parallel_{\ell_1}$$

$$\text{s. t. } u_k = \langle \boldsymbol{\varphi}_k, \boldsymbol{\Psi} \widetilde{\boldsymbol{a}} \rangle, \quad k = 1, 2, \cdots, M \tag{2-4}$$

也就是说,在所有与数据相容的对象 $\widetilde{\boldsymbol{y}} = \boldsymbol{\Psi} \widetilde{\boldsymbol{a}}$ 中挑选出 ℓ_1 范数最小的系数序列。众所周知,最小化满足线性等式约束的 ℓ_1 可以很容易地被转化为一个线性规划,从而提供许多更有效的解决算法。

用 ℓ_1 范数作为稀疏提升函数可以追溯回几十年前。早先应用在反射地震学领域,从限带宽数据中寻找稀疏反射函数(用来指示地表下各层的重要变化)。但 ℓ_1 极小化不是恢复稀疏解的唯一方法,还有其他方法,如贪婪算法。

第一个结果断言:当 $\boldsymbol{y}$ 足够稀疏时,可以证明,通过 ℓ_1 极小化复原信号是准确的。

【定理 2.1[1]】　固定 $\boldsymbol{y} \in \mathfrak{R}^N$,并假设基 $\boldsymbol{\Psi}$ 中 $\boldsymbol{y}$ 的系数序列 $\boldsymbol{a}$ 是 S 稀疏的。在 $\boldsymbol{\Phi}$ 域中随机地选择 M 个观测值。如果对于常数 $C > 0$ 和 $\delta > 0$,有

$$M \geqslant C\mu^2(\boldsymbol{\Phi}, \boldsymbol{\Psi}) S \log \frac{N}{\delta} \tag{2-5}$$

那么式(2-1)以超过 $1 - \delta$ 的概率有精确解。

【注 2.1[2]】　相干性的作用是清晰的,相干度越小,需要的采样就越少,因此,在 2.1.2 节中强调低相干度。

【注 2.2[2]】　通过观测任一组 M 个系数(可能远小于表面需要的信号大小),都不会蒙受信号损失;如果 $\mu(\boldsymbol{\Phi}, \boldsymbol{\Psi})$ 等于或接近 1,那么进行 $S \log N$ 次采样就足够了,而不是 N 次。

【注 2.3[2]】　在事先完全不知道 $\boldsymbol{a}$ 非零坐标个数、位置、振幅的条件下,信号 $\boldsymbol{y}$ 可通过凸泛函极小化从压缩数据集精确恢复。如果信号碰巧足够稀疏,那么只运行这个算法,就能精确恢复压缩的数据。

定理 2.1 确实提出了一个非常具体的获取方案,在不相干域内进行非自适应采样,采集后执行线性规划。按这一方法,基本上可获得压缩信号。所需要的是将数据解压缩的解码器,这是 ℓ_1 极小化所起的作用。

事实上,这个随机不相干采样是早先谱稀疏信号采样结果的推广,它显示了随机性[3]:

(1) 可以成为一个很有效的感知机制。

(2) 可以被严格地证明,因此可能引发了今天人们所目睹并继续见证的许多压缩采样发展。

假设对超宽带采样感兴趣,而谱稀疏信号形为

$$y(t) = \sum_{i=0}^{N} a_j e^{i 2 \pi j t / N}, \quad t = 0, 1, \cdots, N - 1$$

此处虽然 N 很大,但非零分量 a_j 的数目小于或等于 S(可以理解为相对较小)。如果不知道哪些频率是活跃的,则也不知道活跃集上的振幅。因为活动集不一定是连续整数的子集,奈奎斯特/香农理论大多是没有帮助的(因为人们不能预先限制带宽,甚至认为所有 N 倍采样都需要)。就这个特例而言,定理 2.1 表明人们可以用 $S\log N$ 次采样,重构一个具有大小为 S 的任意未知支撑集的信号[3]。此外,这些采样不必精心选择,几乎任何这种大小的样本集都有效。图 2-2 给出了一个说明性的例子,图 2-2(a)给出了一个稀疏实值信号,通过 ℓ_1 极小化从 60 个(复值)傅里叶系数中得到的重构如图 2-2(b)所示,重构结果是精确的。用 ℓ_2 范数代替 ℓ_1 范数得到的极小化重建如图 2-2(c)所示,ℓ_1 范数和 ℓ_2 范数给出了不同的答案,ℓ_2 范数解无法提供对原始信号的合理近似。

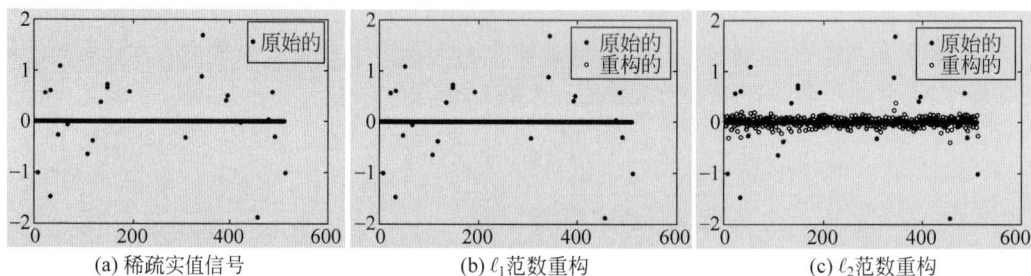

(a)稀疏实值信号   (b)ℓ_1 范数重构   (c)ℓ_2 范数重构

图 2-2   稀疏实值信号的重构

现在讨论概率在这方面扮演的角色。要获得有用而强大的结果,人们需要借助概率表达,因为不能希望所有大小为 M 的观测集都有类似的结果。原因是有一些特殊的稀疏信号几乎在整个 $\boldsymbol{\Phi}$ 域都为零,换言之,可以找到稀疏信号 y 和容量几乎等于 N 的子集(例如,$N-S$),对所有 $k=1,2,\cdots,M$,$u_k=\langle y,\varphi_k\rangle=0$。一方面,给出这样的子集,人们看到的基本是 0,当然没有算法重构这种信号;另一方面,定理保证数据集中没有精确恢复的那一部分实际上是可忽略的(N 的一个很大的负幂),因此只需要容忍一个极小的失败概率。从实用的角度看,如果采样量足够大,失败的概率是 0。

有趣的是,上述讨论的特殊稀疏信号至少也需要 $\mu^2 S\log N$ 个样本。如果所用样本太少,那么信息损失的概率就太高,这时无论用多么复杂的方法都是不可能重构的。总的来说,当相干度是 1 时,采样数不必大于 $S\log N$,但也不能使用更少的样本。

下面以一个不相干采样的例子结束本节。

【例 2-4】 考虑图 2-1(c)中的稀疏图像,它的非零小波系数仅有 25 000 个。通过进行 96 000 次不相干观测来获取信息,并求解式(2-5)的问题。

ℓ_1 极小化重建是完美的,该例表明采样数大约为稀疏水平的 4 倍就满足了。许多研究者也给出了类似的成功经验,事实上有一个 4∶1 的实用规则,该规则告知,为了准确地恢复信号,每个未知非零项需要 4 个不相关采样。

2.2 稀疏学习机的数学基础

对于稀疏学习机,应当关注以下 3 个问题:

(1) 稀疏学习机的定义;

(2) 稀疏学习机的存在性;

(3) 稀疏学习机的泛化性能。

本节首先给出了稀疏学习机的具体定义和构建稀疏学习机的方法,然后以希尔伯特空间正则化学习机为例,从理论上分析稀疏学习机的泛化误差界。

2.2.1 符号

分别记 $\mathcal{X} \subset \mathfrak{R}^d$ 和 $\mathcal{Y} \subset \mathfrak{R}$ 为输入空间和输出空间。假设 ρ 是 $\mathcal{Z} = \mathcal{X} \times \mathcal{Y}$ 上一个确定但未知的概率分布。考虑 $\mathcal{Z}$ 上一个独立同分布地取自分布 ρ 的训练集 $\boldsymbol{Z} = \{z_1 = (x_1, y_1), \cdots, z_N = (x_N, y_N)\}$,其中,$x_i \in \mathcal{X}, y_i \in \mathcal{Y} (i = 1, 2, \cdots, N)$ 分别为第 i 个训练样本 z_i 的输入特征和输出特征。对于训练集 $\boldsymbol{Z}$,移除它的第 $i (i = 1, 2, \cdots, N)$ 个元素,建立一系列新的样本集 $\boldsymbol{Z}^{\backslash i} = \{z_1, \cdots, z_{i-1}, z_{i+1}, \cdots, z_N\}$。

从 $\boldsymbol{Z}$ 进行机器学习的目标是找到一个可以合理地预测新的未标记样本的函数 $f: \boldsymbol{X} \mapsto Y$,在机器学习中称这样的函数 f 为学习机。为了避免复杂符号,在 f 上做出了一些基本假设:

(1) f 是一个确定性函数;

(2) f 是可测的且 $\boldsymbol{Z}$ 是可列的;

(3) f 关于 $\boldsymbol{Z}$ 对称,它不依赖 $\boldsymbol{Z}$ 中元素的顺序。

衡量 f 性能的主要直观指标是期望风险(或泛化误差),它被定义为

$$E(f) = E_z[l(f, z)] = \int_{\boldsymbol{Z}} l(f, z) \, d\rho \tag{2-6}$$

其中,$z = (x, y)$ 是 $\mathcal{Z}$ 上取自分布 ρ 的样本,$x \in \mathcal{X}, y \in \mathcal{Y}$ 分别为样本的输入特征和输出特征,$l(f, z)$ 是一个非负损失函数。不幸的是,由于 ρ 未知,而且只知道训练集 $\boldsymbol{Z}$,因此不能直接计算 $E(f)$。一种替代方法是估计定义为

$$E_N(f) = \frac{1}{N} \sum_{i=1}^{N} l(f, z_i) \tag{2-7}$$

的经验风险。对于任何给定学习机 f,因为它不受未知分布 ρ 的影响,可以直接从可用的训练集 $\boldsymbol{Z}$ 中计算。

一般来说,寻找能最小化训练集 $\boldsymbol{Z}$ 上经验风险的学习问题,通常在限定的假设空间 $\mathcal{H}$ 上是可实现的。这个问题一般是病态的,所以解决这个问题的一个自然方法是引入一些附加约束。为了降低学习机 f 的复杂性,一个稀疏约束项被引入并将问题表述为寻找

$$f_{\mathrm{s}} = \arg \min_{f \in \mathcal{H}} E_N(f) + \lambda \| f \|_{\mathrm{s}} \tag{2-8}$$

其中,$\lambda \in \mathcal{R}^+$ 是平衡经验风险和学习机 f 复杂性的正则化参数,$\| f \|_{\mathrm{s}}$ 是稀疏项。为了具体化 $\| f \|_{\mathrm{s}}$,假设 $\forall \boldsymbol{x} \in \mathcal{X}, f(\boldsymbol{x})$ 可以表示为如下形式:

$$f(\boldsymbol{x}) = \sum_{i=1}^{N} a_i g(\boldsymbol{x}_i) + b \tag{2-9}$$

其中,$g(\boldsymbol{x}_i)$ 是一个与 $\boldsymbol{x}_i$ 相关的量。那么稀疏项 $\| f \|_{\mathrm{s}}$ 可以是向量 $\hat{\boldsymbol{a}} = [1, a_1, \cdots, a_N]^{\mathrm{T}}$ 的 ℓ_0 范数或 ℓ_1 范数。这种具有稀疏约束的学习机 f_{s} 被定义为稀疏学习机。对于 f_{s} 来说,需要考虑以下问题:

(1) 这样定义的学习机是否存在?

(2) 如何获得这样的学习机?

(3) f_{s} 的泛化界有多大?

2.2.2 节和 2.2.3 节将会从理论上分析 f_{s} 并分别回答上述问题。

2.2.2　构造稀疏学习机的方法

求解式(2-8)的一个自然想法是采用压缩采样(Compressive Sampling,CS)理论。基于 2.1 节介绍的压缩采样基本概念和理论,提出定理 2.2,以确保 2.2.1 节中提到的学习机 f_{s} 的存在性。

【定理 2.2】　假设求解式(2-8)的问题可以转化为求解一个线性方程

$$\boldsymbol{\Psi} \hat{\boldsymbol{a}} = \hat{\boldsymbol{y}} \tag{2-10}$$

其中,$\boldsymbol{\Psi}$ 是字典矩阵,$\hat{\boldsymbol{a}}$ 是系数向量,$\hat{\boldsymbol{y}}$ 是观测值向量。那么,如果对于常数 $C>0$ 和 $\delta>0$,存在一个满足不等式(2-5)的矩阵 $\boldsymbol{\Phi}$,则通过求解 ℓ_1 范数最小化问题

$$\min_{\hat{\boldsymbol{a}}} \| \hat{\boldsymbol{a}} \|_{\ell_1} \text{ subject to } \boldsymbol{\Phi} \hat{\boldsymbol{y}} = \boldsymbol{\Phi} \boldsymbol{\Psi} \hat{\boldsymbol{a}} \tag{2-11}$$

可以以超过 $1-\delta$ 的概率成功地得到稀疏学习机 f_{s}。

证明:因为求解式(2-8)的问题可以转化为求解

$$\boldsymbol{\Psi} \hat{\boldsymbol{a}} = \hat{\boldsymbol{y}} \tag{2-12}$$

它等价于

$$\boldsymbol{\Phi} \boldsymbol{\Psi} \hat{\boldsymbol{a}} = \boldsymbol{\Phi} \hat{\boldsymbol{y}} \tag{2-13}$$

因此,式(2-13)的解是一个预期的学习机 f_{s}。令 $\boldsymbol{u} = \boldsymbol{\Phi} \hat{\boldsymbol{y}}$,根据定理 2.1,在满足不等式(2-5)时,可以通过求解 ℓ_1 范数最小化问题(2-11),以超过 $1-\delta$ 的概率成功地恢复 S 稀疏向量 $\hat{\boldsymbol{a}}$。一旦给定 $\hat{\boldsymbol{a}}$,将 $\boldsymbol{x}$ 映射到 $\sum_{i=1}^{N} \hat{a}_i K(\boldsymbol{x}, \boldsymbol{x}_i)$ 的学习机 f_{s} 就被确定。此外,其系数向量的 ℓ_0 范数 $S \leqslant \dfrac{1}{2} N$。

【注 2.4】　对于一个非常小的 δ,系数向量 $\hat{\boldsymbol{a}}$ 可以通过求解问题(2-11)以压倒性的概率精确恢复。这里虽然只用了 M 个观测值(这可能远小于信号的大小),但没有信息损失。稀

疏学习机 f_s 可以正确地预测未知样本的输出值为 f_r。

【注 2.5】 不等式(2-5)的一个等效表达式为

$$S \leqslant \frac{M}{C \cdot \mu^2(\boldsymbol{\Phi}, \boldsymbol{\Psi}) \cdot \log(N/\delta)} \tag{2-14}$$

这表明,可以以超过 $1-\delta$ 的概率成功地得到稀疏学习机 f_s,且其稀疏水平不高于 $\dfrac{M}{C \cdot \mu^2(\boldsymbol{\Phi}, \boldsymbol{\Psi}) \cdot \log(N/\delta)}$。

【注 2.6】 从不等式(2-5)可以推断出,为了减少所需的观测数目,则期望观测矩阵 $\boldsymbol{\Phi}$ 和字典矩阵 $\boldsymbol{\Psi}$ 之间的相干性较小。换句话说,$\boldsymbol{\Phi}$ 和 $\boldsymbol{\Psi}$ 中的元素是不相干的。在此条件下,ℓ_1 范数最小化问题等价于 ℓ_0 范数最小化问题。因此,在第 3 章中也使用了求解 ℓ_0 范数最小化问题的经典算法。

本节设计了一个与给定的字典矩阵 $\boldsymbol{\Psi}$ 耦合的观测矩阵,保证其与字典矩阵高度不相干。众所周知,随机高斯矩阵 $\boldsymbol{\Phi}$ 与任何固定基 $\boldsymbol{\Psi}$ 都具有高度不相干性,因此在 CS 中常用高斯观测矩阵作为普通字典矩阵的观测矩阵。

受主成分分析(Principal Component Analysis,PCA)[4]中保留主成分的思想的启发,计算矩阵 $\boldsymbol{\Psi}$ 的奇异值分解(Singular Value Decomposition,SVD),并将其记为 $\boldsymbol{\Psi} = \boldsymbol{U}\boldsymbol{\Lambda}\boldsymbol{V}$。对奇异值进行排序,并选择最大的 M 个值。这 M 个奇异值对应的是 M 个主特征向量,记为 $\boldsymbol{U}_M$。对于给定的随机字典 $\boldsymbol{\Psi}$,将随机高斯矩阵和设计的矩阵 $\boldsymbol{U}_M$ 分别设为观测矩阵 $\boldsymbol{\Phi}$,然后令 $\boldsymbol{B} = \boldsymbol{\Phi} * \boldsymbol{\Psi}$,分别计算误差 $\| \boldsymbol{I} - \boldsymbol{B}^{\mathrm{T}} * \boldsymbol{B} \|_F$。这两种观测矩阵对应的均方根误差(Root Mean Square Error,RMSE)如图 2-3 所示。从图 2-3 可以看出,设计的矩阵 $\boldsymbol{U}_M$ 对应

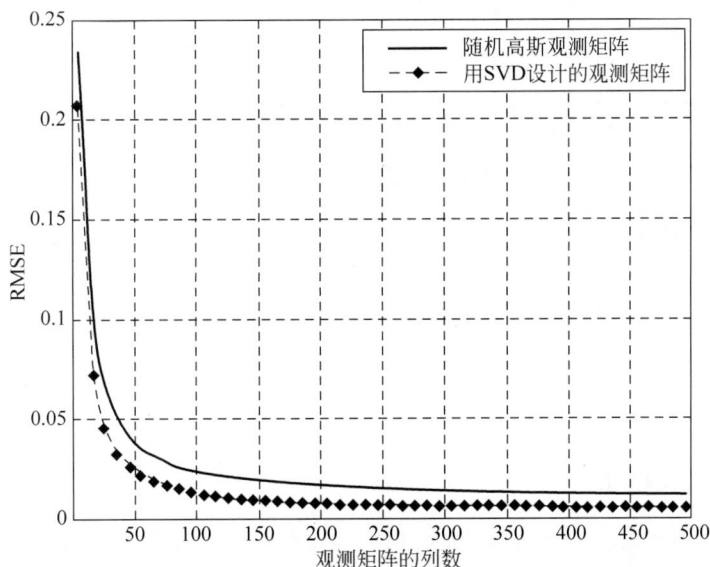

图 2-3 矩阵 $\boldsymbol{B} = \boldsymbol{\Phi} * \boldsymbol{\Psi}$ 与单位矩阵之间的均方根误差

的 RMSE 要小于相同大小的随机高斯矩阵。因此,所设计的矩阵U_M比随机高斯矩阵[5]与字典具有更高的不相干性。

2.2.3　稀疏学习机的推广误差界

为了从理论上对稀疏学习机的泛化误差界进行分析,我们采用了正则化技术。经典的正则化理论将这个问题表述为寻找

$$f_s = \arg \min_{f \in \mathcal{H}} \{E_N(f) + \lambda \|f\|_0 + \mu \|f\|_K^2\} \tag{2-15}$$

其中,$\lambda \in \mathcal{R}^+, \mu \in \mathcal{R}^+$ 是正则化参数,$\|\cdot\|_K$ 是由核函数 K 导出的再生核希尔伯特空间(Reproducing Kernel Hilbert Space,RKHS)$\mathcal{H}$中的一个范数。假设函数 $K: \mathcal{X} \times \mathcal{X} \mapsto \mathcal{R}$ 是连续对称半正定的。而$\mathcal{H}$具有可表示为

$$\forall f \in \mathcal{H}, \quad \forall x \in \mathcal{X}, \quad f(x) = \langle f, K(x, \cdot) \rangle \tag{2-16}$$

的再生性。由柯西-施瓦茨不等式可知,对 $\forall f \in \mathcal{H}, \|f\|_\infty \leqslant \mathcal{K} \|f\|_K$,其中,

$$\mathcal{K} = \sup_{x \in \mathcal{X}} \sqrt{K(x, x)} \tag{2-17}$$

根据表示定理,$\forall f \in \mathcal{H}, \forall x \in \mathcal{X}, f(x)$可以表示为以下形式:

$$f(x) = \sum_{i=1}^{N} a_i K(x, x_i) + b \tag{2-18}$$

记 $\hat{a} = [1, a_1, \cdots, a_N]^T$。

作为一种特殊的正则化学习机,稀疏学习机 f_s 满足正则化学习机的泛化界。本节概述了一般正则化学习机的一些相关符号和定理。此外,讨论了一些特殊的正则化学习机的泛化误差界。令正则化学习机 f_r 为在$\mathcal{H}$中最小化正则化经验风险 $R_N(f)$ 的函数,即

$$f_r = \arg \min_{f \in \mathcal{H}} R_N(f) = \arg \min_{f \in \mathcal{H}} \{E_N(f) + \lambda \|f\|_K^2\} \tag{2-19}$$

$f_r^{\setminus i} (i = 1, 2, \cdots, N)$为在$\mathcal{H}$中最小化样本集 $Z^{\setminus i}$ 上正则化经验风险的函数,即

$$f_r^{\setminus i} = \arg \min_{f \in \mathcal{H}} \left\{ \frac{1}{N} \sum_{j \neq i}^{N} l(f, z_j) + \lambda \|f\|_K^2 \right\} \tag{2-20}$$

【定义 2.2】(一致稳定性)[6]　对于式(2-19)定义的正则化学习机,如果存在一个非负常数 β,使得

$$\forall z \in \mathcal{Z}, \quad \forall i \in \{1, 2, \cdots, N\}, \quad \|l(f_r, z) - \ell(f_r^{\setminus i}, z)\|_\infty \leqslant \beta \tag{2-21}$$

成立,则称学习机对于损失函数 $l(f, z)$ 是 β 一致稳定的。

【注 2.7】　β 度量了学习机的一致稳定程度。作为 N 的一个函数,β 有时也被记为β_N。它通常被假设为 $\frac{1}{N}$ 的函数,当 $N \to \infty$ 时,$\beta_N \to 0$。在这种情形下,该学习机被称为是稳定的。

如果去掉训练集中的一个元素,那么稳定学习机的结果不会有很大的变化。因此,如果将经验误差和泛化误差之间的差异作为一个随机变量,那么它的方差应该很小。所以,稳定

学习机的经验误差和泛化误差的接近程度可以通过一致稳定性来衡量。这一结论是基于以下定理得出的:

【定理 2.3[6]】 令一个学习机 f 关于损失函数 $l(f,z)$ 具有一致稳定性 β,且 $B = \sup_{f \in \mathcal{H}} \max_{z \in \mathcal{Z}} l(f,z)$。那么,对于任何 $N > 1$ 和任何常数 $\delta \in (0,1)$,下面的边界在随机抽取的样本 $z \in Z$ 上以至少 $1-\delta$ 的概率成立:

$$E(f) \leqslant E_N(f) + 2\beta + (4N\beta + B)\sqrt{\frac{\ln 1/\delta}{2N}} \tag{2-22}$$

对于输出空间为 $\mathcal{y} = \{-1,1\}$ 的分类问题,由于其损失函数也是离散的,且学习机对该损失函数的一致稳定性只能为 $\beta = 0$ 和 $\beta = 1$。第一种情况意味着学习机总是返回相同的值。对于第二种情况,有希望获得 $\beta = O\left(\frac{1}{N}\right)$。解决该问题的一个可行方法是考虑具有实值输出的学习机,利用其实值输出的符号在分类问题中预测样本的标签。

【定义 2.3[6]】 实值分类器 f_c 是一个与学习机 $f_r: \mathcal{X} \mapsto \mathcal{R}$ 对应的函数,这样在一个实例 x 上预测的标签就会是 $f_r(x)$ 的符号。

实值分类学习机的稳定性定义如下。

【定义 2.4(分类稳定性)[6]】 如果

$$\forall z \in \mathcal{Z}, \quad \forall i \in \{1,2,\cdots,N\}, \quad \|l(f_r,z) - l(f_r^{\setminus i},z)\|_{\infty} \leqslant \beta \tag{2-23}$$

成立,那么实值分类器 f_c 具有分类稳定性 β。

此外,还提出了一种改进的分类器损失函数:

$$l_\gamma(f,z) - \begin{cases} 1, & yf(x) \leqslant 0 \\ 1 - yf(x)/\gamma, & 0 < yf(x) \leqslant \gamma \\ 0, & yf(x) \geqslant \gamma \end{cases} \tag{2-24}$$

当每次学习机 f 给出的输出接近 0 时,损失 l_γ 将计数一个误差,其接近度由 γ 控制。因此,经验误差可以表示如下

$$E_N^\gamma(f) = \frac{1}{N} \sum_{i=1}^{N} l_\gamma(f,z_i) \tag{2-25}$$

基于分类器的修正损失函数和经验误差从理论上分析了经验误差与泛化误差的差界。根据研究结果,具体表述如下。

【定理 2.4[6]】 设一个实值分类器 f_c 具有稳定性 β。那么,对于任意 $N \geqslant 1$ 和任意常数 $\delta \in (0,1)$,在随机抽取的样本 z 上以至少 $1-\delta$ 的概率满足

$$E(f) \leqslant E_N^\gamma(f) + 2\frac{\beta}{\gamma} + \left(4N\frac{\beta}{\gamma} + 1\right)\sqrt{\frac{\ln 1/\delta}{2N}} \tag{2-26}$$

对于通过最小化式(2-15)得到的正则化算法,可以具体化定理 2.3 和定理 2.4 中提到的量 β。首先介绍 σ-可接受性的概念。

【定义 2.5[6]】 如果条件

$$\forall f_1, \quad f_2 \in \mathcal{H}, \quad f_1 \neq f_2, \quad |l(f_1,z) - l(f_2,z)| \leqslant \sigma |f_1(x) - f_2(x)| \quad (2\text{-}27)$$

成立,则定义在 $\mathcal{H} \times \mathcal{Y}$ 上的损失函数 $l(f,z)$ 关于 $\mathcal{H}$ 是 σ-可接受的。

对于 σ-可接受的正则化算法,相关量 β 的上界可由下面的定理给出。

【定理 2.5[6]】 设 $\mathcal{H}$ 是一个具有核 K 的再生核希尔伯特空间,如果 $\forall x \in \mathcal{X}, K(x,x) < \mathcal{K}^2 < \infty$。假设 $l(f,z)$ 关于 $\mathcal{H}$ 是 σ-可接受的,则式(2-19)中定义的学习机 f_r 相对于 l 具有一致稳定性 β,且

$$\beta \leqslant \frac{\sigma^2 \mathcal{K}^2}{2\lambda m} \quad (2\text{-}28)$$

基于上述定理给出一些经典正则化学习机的经验误差与泛化误差差值上界的不等式。

- 用于回归问题的有界 SVM:

$$E(f) \leqslant E_N(f) + \frac{\mathcal{K}^2}{\lambda N} + \left(\frac{2\mathcal{K}^2}{\lambda} + \mathcal{K}\sqrt{\frac{B}{\lambda}}\right)\sqrt{\frac{\ln 1/\delta}{2N}} \quad (2\text{-}29)$$

- 用于分类问题的软边缘 SVM:

$$E(f) \leqslant E_N^1(f) + \frac{\mathcal{K}^2}{\lambda N} + \left(1 + \frac{2\mathcal{K}^2}{\lambda}\right)\sqrt{\frac{\ln 1/\delta}{2N}} \quad (2\text{-}30)$$

- 用于回归问题的(稀疏)最小二乘支持向量机:

$$E(f) \leqslant E_N(f) + \frac{4\mathcal{K}^2 B^2}{\lambda N} + \left(\frac{8\mathcal{K}^2 B^2}{\lambda} + 2B\right)\sqrt{\frac{\ln 1/\delta}{2N}} \quad (2\text{-}31)$$

【推论 2.1】 [用于分类问题的(稀疏)最小二乘支持机的泛化误差界]假设 $\mathcal{Y} = \{-1,+1\}$,用于分类问题的(稀疏)最小二乘支持向量机(Least Squares Support Vector Machine,LS-SVM)的损失函数为 $(1-yf(x))^2$。对于该学习机至少以 $1-\delta$ 的概率成立以下泛化误差界:

$$R \leqslant R_{\text{emp}}^1 + \frac{4\mathcal{K}^2}{\lambda N} + \left(1 + \frac{8\mathcal{K}^2}{\lambda}\right)\sqrt{\frac{\ln 1/\delta}{2N}}$$

证明:损失函数为 2-可接受的。由定理 2.3 可以推断出由 LS-SVM 得到的实值分类器具有分类稳定性 β,且

$$\beta \leqslant \frac{2\mathcal{K}^2}{\lambda N}$$

使用 $\gamma = 1$ 情形下的定理 2.4,从而得到至少以 $1-\delta$ 的概率成立

$$R \leqslant R_{\text{emp}}^1 + \frac{4\mathcal{K}^2}{\lambda N} + \left(1 + \frac{8\mathcal{K}^2}{\lambda}\right)\sqrt{\frac{\ln 1/\delta}{2N}}$$

【注 2.8】 R_{emp}^1 是截断误差。可以看出,$R_{\text{emp}}^1 \leqslant \sum_{i=1}^N l(f,z_i) = \sum_{i=1}^N \xi_i$,其中,$\xi$ 是出现

在 LS-SVM 的对偶公式中的拉格朗日乘子。

2.3　本章小结

　　本章在简要介绍压缩感知基本概念和原理的基础上,定义了稀疏学习机,并以希尔伯特空间正则化学习机为例,对稀疏学习机进行了理论分析。分析后得到的主要结论是,只使用一些耦合压缩观测,可以以非常大的概率获得一个没有损失泛化性能的稀疏学习机 f_s,且其稀疏水平的上界是一个由观测数和感知矩阵与表示矩阵之间的相干性所决定的量。此外,以具有希尔伯特空间正则化的稀疏学习机为例,分析了稀疏学习机的具体泛化误差界。

参考文献

［1］　Cande E J,Romberg J. Sparsity and incoherence in compressive sampling[J]. Inverse Problem,2007,
　　　 23(3):969-985.

［2］　Cande E J,Wakin M B. An introduction to compressive sampling[J]. IEEE Signal Processing
　　　 Magazine,2008,25(2):21-30.

［3］　Cande E J,Romberg J,Tao T. Robust uncertainty principles:Exact signal reconstruction from highly
　　　 incomplete frequency information[J]. IEEE Transactions on Information Theory,2006,52(2):
　　　 489-509.

［4］　Jolliffe I. Principal component analysis[M]. New York:Wiley Online Library,2002.

［5］　Li G,Zhu Z,Yang D,et al. On projection matrix optimization for compressive sensing systems[J].
　　　 IEEE Transactions on Signal Processing,2013,61(11):2887-2898.

［6］　Bousquet O,Elisseeff A. Stability and generalization[J]. Journal of Machine Learning Research,2002,
　　　 2:499-526.

第 3 章

稀疏最小二乘支持向量机

为了降低训练 SVM 的计算代价,LS-SVM 在求解二次规划时用等式约束代替不等式约束。然而,LS-SVM 不进行模型选择,失去了支持向量的稀疏性,这也降低了标准 SVM 的泛化性能。因此,在保证泛化性能的同时,如何提高 LS-SVM 模型的稀疏性是一项很有意义的研究。

3.1 基于耦合压缩修剪的稀疏 LS-SVM

3.1.1 引言

如何选择一个合适的学习机结构是机器学习领域中令人困惑的问题之一。在学习理论中,众所周知,太简单的学习模型具有大偏差和小方差,而太复杂的学习模型会导致小偏差和大方差[1]。因此,结构的确定一直是设计学习机时的一个重要问题。以人工神经网络为例,确定隐藏神经元的方法可以大致分为以下两种。

(1) 网络构建(Network Construction,NC):从一个小网络开始,迭代添加隐藏神经元。

(2) 网络修剪(Network Pruning,NP):从一个大网络开始,逐步修剪不那么重要的隐藏神经元。

但是,网络构建和网络修剪都需要不断地逐个添加或删除隐藏的神经元,导致计算复杂度过高[2]。因此,另一种方法是首先训练一个比需求规模更大的网络结构,然后以一步式的方式修剪不重要的节点。一个典型的模型选择例子是支持向量机[3-9],它通过使用一个由少量精心选择的支持向量确定的紧凑拓扑,在偏差和方差之间做出权衡。虽然 SVM 对许多实际问题具有良好的泛化性,但它需要求解一组不等式约束的二次规划,因此具有较高的计算复杂度。

LS-SVM 是标准 SVM 的改进版本,它在求解二次规划中用等式约束代替了不等式约束[10]。因此,LS-SVM 比标准 SVM 涉及更少的调优参数,并且比标准 SVM 更具计算吸引力。目前，LS-SVM 已广泛应用于金融时间序列预测[11]、电负荷预测[12]、语音障碍识别[13]、脑电图信号分析[14]等领域。不幸的是，LS-SVM 没有进行模型选择，失去了支持向量的稀疏性，这也降低了标准 SVM 的泛化性能。

现在已经开发了许多剪枝算法来对 LS-SVM 施加稀疏性，从而提高其泛化性能。例如，Suykens 等引入了一种基于支持值谱排序的剪枝算法，并提出了一种稀疏最小二乘支持向量分类器(Least Squares Support Vector Classifier，LS-SVC)，该分类器逐步去除具有最小绝对支持值的训练样本，并重新训练简化的网络[15]。然后，将该方法推广到最小二乘支持向量回归问题上[16]。然而，LS-SVC 会消除决策边界附近的训练点，这将对分类产生负面影响。Li 等提出了一种改进算法[17]，该算法忽略了远离分类边界的训练数据，并对异常值进行了预处理，从而抑制了异常值对简化的 LS-SVM 进行再训练的负面影响。在文献[18]中，作者删除了在剪枝后产生最小退化误差的训练样本。然而，该算法通常需要计算一个奇异矩阵的逆。Kuh 等[19]给出了文献[18]中算法的一个变体，它利用正则化技术使矩阵非奇异，从而降低了计算逆矩阵的计算复杂度。虽然已经开发了许多针对 LS-SVM 的剪枝算法，但这些剪枝算法需要迭代地剔除训练数据，并对简化后的 LS-SVM 进行再训练。因此，再训练的计算成本要比训练原 LS-SVM 大得多。最近，Yang 提出了一种基于压缩采样理论的 LS-SVM 训练算法。该技术能够在训练的同时迭代地找出稀疏拓扑[20]。然而，迭代训练的成本很高。此外，该算法的收敛性还取决于优化算法是否成功。

受压缩采样理论的启发，提出了一种基于 LS-SVM 的一步剪枝算法。众所周知，压缩采样是一种从低分辨率观测中恢复高分辨率信号的有效方法，可用于模拟信号的压缩采集和离散数据的压缩处理。LS-SVM 的拓扑结构可以用有限数量的训练样本来定量描述，这些训练样本可以通过压缩采样理论进行压缩。具体来说，如果将 LS-SVM 模型看作一个由大量支持向量组成的拓扑，可以使用 LS-SVM 拓扑的压缩观测来推导出一个紧凑而稀疏的 LS-SVM，其性能退化很小。通过将输出和核矩阵之间的关系表述为一个线性方程，对支持向量施加了一个稀疏先验。通过使用单观测向量(Single Measurement Vector，SMV)优化算法来寻找稀疏解，可以确定 LS-SVM 模型的稀疏拓扑。

基于 LS-SVM 的一步剪枝算法具有以下特点：

(1) 不同于计算复杂度高的迭代省略和再训练方法，此方法是一种快速的、一步式的剪枝算法，可以显著降低计算成本；

(2) 以核矩阵为字典，将确定 LS-SVM 中稀疏拓扑的目标转变为寻找一组线性方程的稀疏解；

(3) 这是一种受 CS 启发提出的通用的、用于信息保存的剪枝方法。采样矩阵被设计为与字典耦合，可以保证与字典有较高的不一致性。因此，只要采样比足够高，修剪后的 LS-SVM 就不会丢失标准 LS-SVM 的信息；

(4) 不涉及任何参数，避免了参数对学习结果的影响。

通过对模式识别和函数逼近的实验,将基于 LS-SVM 的一步剪枝算法与现有的剪枝算法进行了比较,结果表明了其具有可行性、有效性、稳健性和优越性。

3.1.2 压缩采样

压缩采样是一种新的信息采集和处理框架,它允许我们从一小组观测数据中重构稀疏或可压缩的信号。假设一个信号 $x \in \mathfrak{R}^N$ 在字典 $\boldsymbol{\Psi} \in \mathfrak{R}^{N \times N}$ 下是可压缩的,即

$$x = \boldsymbol{\Psi}\theta$$

其中,$\| \theta \|_0 = S$ 是非零分量的个数。压缩采样的主要思想是从压缩观测值 $y = \boldsymbol{\Phi}x \in \mathfrak{R}^M$ 中恢复原始信号,其中 $N \gg M$。

在矩阵 $\boldsymbol{\Phi\Psi}$ 满足限定等距性(Restricted Isometry Property,RIP)的条件下,通过求解优化问题

$$\begin{cases} \min_{\theta} \| \theta \|_0 \\ \text{s. t.}\ \ y = \boldsymbol{\Phi}x = \boldsymbol{\Phi\Psi}\theta \end{cases} \tag{3-1}$$

能从 $M \geqslant S$ 个观测中精确地恢复信号 x[21-22]。不幸的是,求解式(3-1)的精确解是 NP-hard 的。目前已经提出了一些算法来求解这个最小化问题,包括贪婪算法[如正交匹配追踪(Orthogonal Matching Pursuit,OMP)[23]、匹配追踪(Matching Pursuit,MP)[24]、最小二乘正交匹配追踪(Least Squares Orthogonal Matching Pursuit,LS-OMP)[25]]和松弛算法[如焦点不确定的系统求解器(FOCal Underdetermined System Solver,FOCUSS)[26]、最小绝对收缩和选择算子(Least Absolute Shrinkage and Selection Operator,LASSO)[27]、基追踪(Basis Pursuit,BP)[28]等]。这里只关注 LS-OMP 算法,它在每个选择过程中能够更好地逼近当前残差的元素[25]。

3.1.3 LS-SVM 的耦合压缩修剪

考虑一个传统的有监督的机器学习问题,该问题中训练集是 $\boldsymbol{Z} = \{(x_k, y_k)\}_{k=1}^N$,其中 $x_k \in \mathfrak{R}^d$ 是第 k 个输入模式,y_k 是 x_k 的相应输出。在回归中,目的是找到一个映射 $f(\cdot)$,使 $f(x_k) \approx y_k, \forall k$。

在分类中,它的目标是找到一个映射 $f(\cdot)$,使 $\text{sign}(f(x_k)) = y_k, \forall k$。考虑一个非线性的 SVM,样本 x 的输出可以写为

$$f(x) = w^{\mathrm{T}}\varphi(x) + b \tag{3-2}$$

其中,非线性映射 $\varphi(\cdot): \mathfrak{R}^d \to \mathfrak{R}^n (n > d)$ 将 x 投影到一个更高维的特征空间中,而 $\varphi(\cdot)$ 通常被隐式表示。在 LS-SVM 中,可以通过求解优化问题(3-3)从训练样本中估计出权值向量 w 和偏差项 b:

$$\begin{cases} \min_{w,b,\xi} J(w,\xi) = \dfrac{1}{2} w^{\mathrm{T}} w + \gamma \dfrac{1}{2} \sum_{k=1}^{N} \xi_k \\ \mathrm{s.t.}\ \ y_k = w^{\mathrm{T}} \varphi(x_k) + b + \xi_k, \quad k = 1,2,\cdots,N \end{cases} \tag{3-3}$$

其中，γ 为正则化参数；$\xi = [\xi_1,\xi_2,\cdots,\xi_N]$ 为松弛向量，ξ_k 为第 k 个样本的松弛变量。可以将有约束优化问题变为无约束优化问题，并将拉格朗日函数定义为

$$L(w,b,\xi,a) = J(w,\xi) - \sum_{k=1}^{N} a_k \{ w^{\mathrm{T}} \varphi(x_k) + b + \xi_k - y_k \} \tag{3-4}$$

其中，$a_k \in \Re$ 是 x_k 的拉格朗日乘子。剔除 w 和 ξ 后，从最优性条件得到卡鲁什-库恩-塔克（Karush-Kuhn-Tucker，KKT）系统

$$\begin{bmatrix} 0 & \mathbf{1}^{\mathrm{T}} \\ \mathbf{1} & K + \gamma^{-1} I_N \end{bmatrix} \begin{bmatrix} b \\ a \end{bmatrix} = \begin{bmatrix} 0 \\ y \end{bmatrix} \tag{3-5}$$

其中，$y = [y_1,y_2,\cdots,y_N]^{\mathrm{T}}$；$\mathbf{1} = [1,1,\cdots,1]_{1 \times N}^{\mathrm{T}}$；$a = [a_1,a_2,\cdots,a_N]^{\mathrm{T}}$；矩阵 K 中的元素采取的形式为

$$K_{ij} = \langle \varphi(x_i),\varphi(x_j) \rangle = K(x_i,x_j)$$

其中，$K(x_i,x_j)$ 是 x_i 和 x_j 的 Mercer 核，所以可以得到 LS-SVM 的输出

$$\hat{y} = \sum_{k=1}^{N} a_k K(x,x_k) + b \tag{3-6}$$

a 和 b 的值可以通过求解式（3-5）中的一组线性方程得到。将 $\hat{y}$ 记为 $\hat{y} = [\hat{y}_1,\hat{y}_2,\cdots,\hat{y}_N]^{\mathrm{T}}$，可以得到

$$\hat{y} = (K,\mathbf{1})(a^{\mathrm{T}},b)^{\mathrm{T}} = \Psi \hat{a} \tag{3-7}$$

其中，K 为 LS-SVM 模型的核矩阵，有

$$K = \begin{bmatrix} K(x_1,x_1) & K(x_1,x_2) & \cdots & K(x_1,x_N) \\ K(x_2,x_1) & K(x_2,x_2) & \cdots & K(x_2,x_N) \\ \vdots & \vdots & \ddots & \vdots \\ K(x_N,x_1) & K(x_N,x_2) & \cdots & K(x_N,x_N) \end{bmatrix} \tag{3-8}$$

$$\hat{a} = (a^{\mathrm{T}},b)^{\mathrm{T}}$$

$$\Psi = (K,\mathbf{1})$$

从式（3-7）中可以看出，修剪一个特定的训练样本等价于将 $\hat{a}$ 的相应元素设置为零。在这方面，在给定的精度容差范围内寻找 LS-SVM 模型的稀疏拓扑的目标，可以简化为在式（3-7）中对向量 $\hat{a}$ 施加 ℓ_0 范数最小化的约束，该问题可以描述为

$$\begin{cases} \min_{\hat{a}} \| \hat{a} \|_0 \\ \mathrm{s.t.}\ \ \Psi \hat{a} = y \end{cases} \tag{3-9}$$

求解式(3-9)是一个典型的从压缩采样观测中得到恢复的问题。因此,它被记为压缩修剪最小二乘支持向量机(Compressive Pruning LSSVM,CP-LSSVM)。线性方程组 $\boldsymbol{\Psi}\hat{\boldsymbol{a}}=\boldsymbol{y}$ 包含 $N+1$ 个未知元素和 N 个方程,这是一个欠定病态问题。利用 LS-OMP 等恢复算法求解式(3-9)得到一个稀疏的 $\hat{\boldsymbol{a}}$,可以得到一个修剪后的 LS-SVM。在该方法中,修剪后的 LS-SVM 的稀疏性可以通过一个称为 Sparsity 的参数进行缩放[20]:

$$\text{Sparsity} = \left(1 - \frac{S}{N}\right) \times 100\% \qquad (3\text{-}10)$$

其中,S 为支持向量的数量,N 为训练样本的数量。

在 CP-LSSVM 中,当 N 很大时,恢复算法的计算复杂度很高。因此,在所提出的方法中,在 $\boldsymbol{\Psi}\hat{\boldsymbol{a}}=\boldsymbol{y}$ 的左右两侧分别乘以一个压缩采样矩阵 $\boldsymbol{\Phi}$,即 $\boldsymbol{\Phi}\boldsymbol{\Psi}\hat{\boldsymbol{a}}=\boldsymbol{\Phi}\boldsymbol{y}$,则式(3-9)中的优化问题被重新表述为

$$\begin{cases} \min_{\hat{\boldsymbol{a}}} \| \hat{\boldsymbol{a}} \|_0 \\ \text{s. t.} \ \ \boldsymbol{\Phi}\boldsymbol{\Psi}\hat{\boldsymbol{a}} = \boldsymbol{\Phi}\boldsymbol{y} \end{cases} \qquad (3\text{-}11)$$

通过乘以矩阵 $\boldsymbol{\Phi}$,一方面显著降低了优化成本;另一方面,它使约束更欠定,从而扩大了解的范围。根据 2.2.2 节的分析,能够设计出一个与字典耦合的采样矩阵,这可以保证它与字典高度不相干[29]。将设计的与字典 $\boldsymbol{\Psi}$ 耦合的采样矩阵 $\boldsymbol{U}_M^{\mathrm{T}}$ 作为观测矩阵,获得具有相同泛化能力的稀疏 LS-SVM 所需要的训练样本较少,而使用相同的训练样本,可以获得具有较好泛化能力的稀疏 LS-SVM。

在本章中,该方法被记为耦合的 CP-LSSVM(Coupled CP-LSSVM,CCP-LSSVM)。算法 3-1 中描述了如何构造 CCP-LSSVM。

算法 3-1:CCP-LSSVM

输入:一个训练好的 LS-SVM 和保留的支持向量的数目 S(或停止参数 ε);

输出:一个修剪后的稀疏 LS-SVM;

1. 计算目标变量 $\boldsymbol{y}$ 和矩阵 $\boldsymbol{\Psi}$;

2. 分别根据式(3-9)和式(3-11),从 $(\boldsymbol{\Psi},\boldsymbol{y},S)$(或 $(\boldsymbol{\Psi},\boldsymbol{y},\varepsilon)$)和 $(\boldsymbol{\Phi}\boldsymbol{\Psi},\boldsymbol{\Phi}\boldsymbol{y},S)$(或 $(\boldsymbol{\Phi}\boldsymbol{\Psi},\boldsymbol{\Phi}\boldsymbol{y},\varepsilon)$)中计算稀疏的 $\hat{\boldsymbol{a}}$[25]。

3.1.4 实验结果与分析

为了检验所提出的 CP-LSSVM 和 CCP-LSSVM 的性能,针对分类和回归问题进行了一系列实验,包括 Sinc 函数的回归和双螺旋数据的分类等。实验中比较了 CP-LSSVM 和 CCP-LSSVM 算法与现有 LS-SVM 剪枝算法的性能,并比较了采用不同的恢复算法、观测矩阵和剪枝比的剪枝算法时算法的性能。最后,研究了 CP-LSSVM 和 CCP-LSSVM 算法的稳健性。

针对不同算法的所有仿真都在 MATLAB7.10.0(R2010a)环境下进行(其中运行主机的主要指标包括四核处理器 Core2Quad、2.99GHz CPU、1.95GB RAM)。在 LS-SVM 算法中,使用了高斯核,并通过 10 折交叉验证对 RBF 核中的正则化参数 γ 和宽度参数 σ 进行了调整[30]。在实验中,共进行了 20 组独立的实验来获取平均结果。LS-SVM 算法的代码来自 http://www.esat.kuleuven.be/sista/lssvmlab,LASSO、BP、FOCUSS 等算法的代码来自 http://sparselab.stanford.edu,LS-OMP 算法的代码来自 http://www.mathworks.com/matlabcentral/fileexchange/22776-orthogonal-least-squares-algorithms-for-sparse-signal-reconstruction。下面首先介绍本节使用的数据集。

1. 基准数据集

该 CP-LSSVM 算法在 9 个基准数据集上进行了测试,分别是 4 个函数逼近数据集(1 个是 Sinc 函数,另外 3 个来自 UCI 数据集)和 5 个二分类数据集(1 个是双螺旋数据集,另外 4 个来自 UCI 数据集)。

(1) Sinc 函数。对于 Sinc 函数 $f(t) = \dfrac{\sin t}{t}$,从 $t = -2\pi$ 到 $t = 2\pi$ 观察 500 个样本。对于该数据,从整个数据集中随机选择 $\dfrac{1}{3}$ 的样本作为训练样本。

(2) UCI 数据集。来自 UCI 数据集的 3 个回归数据分别是 Boston 数据、Servo 数据和 Auto 数据。来自 UCI 数据集的 4 个二分类数据是 Statlog Australian credit(Acr)数据、Bupa liver disorders(Bld)数据、Statlog heart disease(Hea)数据和 Tic-tac-toe endgame(Ttt)数据。这些数据集的特性列于表 3-1 中。

(3) 自双螺旋数据分类由 Wieland[31]首次提出以来,双螺旋数据集已经成为机器学习中的一个基准问题。这项任务需要学习机学习一个映射,以区分两个相互缠绕的螺旋上的点。这个特定的问题对于目前的大多数算法来说是困难的,因为它需要分类器来学习输入空间的高度线性不可分。螺旋在二维空间中的坐标由

$$\begin{cases} x = (k\theta + e)\cos\theta \\ y = (k\theta + e)\sin\theta \end{cases} \tag{3-12}$$

给出。其中,k 和 e 分别为表示速度和起始位置的常数;θ 为相位角。在实验中,将两个螺旋的参数设为 $k_1 = k_2 = 2, e_1 = 1, e_2 = 3, \theta \in [0, 2\pi)$。每类取 126 个样本,从整个数据中随机选择 $\dfrac{1}{3}$ 的样本作为训练样本。

表 3-1　UCI 数据集的描述

数 据 集	维 数	♯ 训练样本	♯ 测试样本
Boston	13	400	106
Servo	4	100	67

数　据　集	维　　　数	♯ 训练样本	♯ 测试样本
Auto	7	300	92
Acr	15	460	230
Bld	7	230	115
Hea	14	180	90
Ttt	10	639	319

2. 实验 1：使用不同恢复算法的 CP-LSSVM 在 Sinc 数据集上的性能

在这个实验中，研究了使用 LS-OMP、LASSO、BP 和 FOCUSS 等不同的恢复算法对 CP-LSSVM 算法性能的影响。两种剪枝算法[通过基于排序的拉格朗日乘子进行范数修剪得到的稀疏 LS-SVM（Sparse LS-SVM via Norm Pruning 1，SLS-SVM：NMP1）和通过基于排序的拉格朗日乘子绝对值进行范数修剪得到的稀疏 LS-SVM（Sparse LS-SVM via Norm Pruning 2，SLS-SVM：NMP2）[16]]与 CP-LSSVM 算法进行了比较。标准化均方误差（Normalized Mean Square Error，NMSE）[32]

$$\text{NMSE} = 10\log_{10}\left(\frac{1}{T}\sum_{t=1}^{T}\frac{\|\boldsymbol{y}(t) - \boldsymbol{y}_{\text{rec}}(t)\|_2^2}{\|\boldsymbol{y}(t)\|_2^2}\right) \tag{3-13}$$

被用于度量训练误差和泛化误差。使用这 6 种算法在训练和测试数据集上的 NMSE 分别如图 3-1(a)和图 3-1(b)所示。实验中，使用标准 LS-SVM 的结果作为基准线。

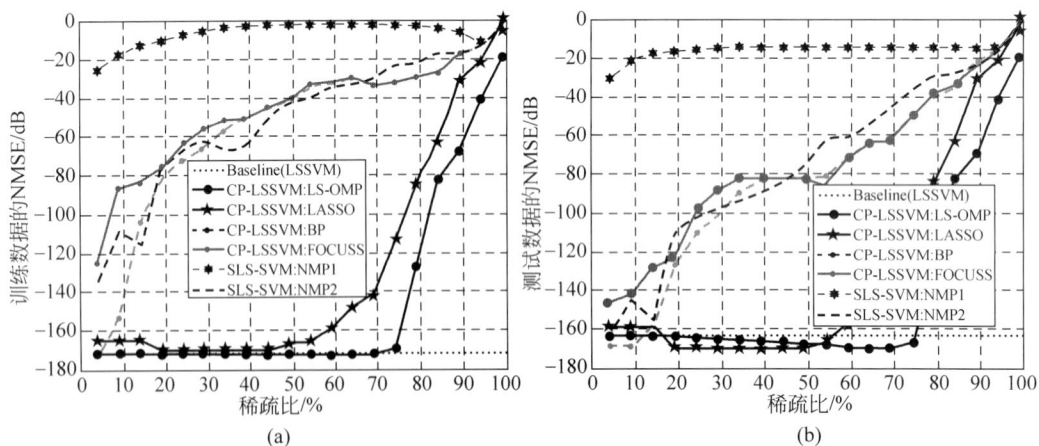

图 3-1　SLS-SVM 和使用不同恢复算法的 CP-LSSVM 的 NMSE

从图 3-1 中可以看出，使用不同恢复算法的 CP-LSSVM 比两种 SLS-SVM 方法（NMP1 和 NMP2）表现得更好。此外，当稀疏比低于 14% 时，使用 LASSO 算法的 CP-LSSVM 倾向于过拟合，且在测试数据集上的 NMSE 略大于 LS-SVM。而当稀疏比大于 14% 时，泛化性能得到了提高。但当稀疏比大于 54% 时，NMSE 开始增加。所以当稀疏比大于一定的水平时,使用 LASSO 算法的 CP-LSSVM 倾向于欠拟合。采用 LS-OMP 算法的 CP-LSSVM 与采用 LASSO 算法的 CP-LSSVM 具有相似的性能。而欠拟合算法的稀疏比阈值(75%)则高于 LASSO 算法(54%)。采用 LS-OMP 算法的 CP-LSSVM 在相同稀疏比下对训练数据和测试数据的 NMSE 均最低,优于所有剪枝算法。总的来说,使用 LS-OMP 算法或 LASSO 算法的 CP-LSSVM 都能提高 LS-SVM 的泛化性能和稀疏性。采用其他恢复算法的 CP-LSSVM 在不显著降低泛化性能的同时提高了稀疏比。

为了直观地研究各种剪枝算法对稀疏 LS-SVM 的泛化性能,以 Sinc 函数为例,将稀疏比为 70%时的回归曲线与原始函数进行了比较。结果如图 3-2 所示,可以看出,使用 LS-OMP 和 LASSO 算法的 CP-LSSVM 具有与标准 LS-SVM 相当的泛化结果,即最多 30%的支持向量可以很好地训练模型。使用 BP 和 FOCUSS 算法的 CP-LSSVM 回归曲线与真实曲线有一定的偏差。而 SLS-SVM:NMP1 和 SLS-SVM:NMP2 的性能比 CP-LSSVM 方法更差。该结果与图 3-1 一致。

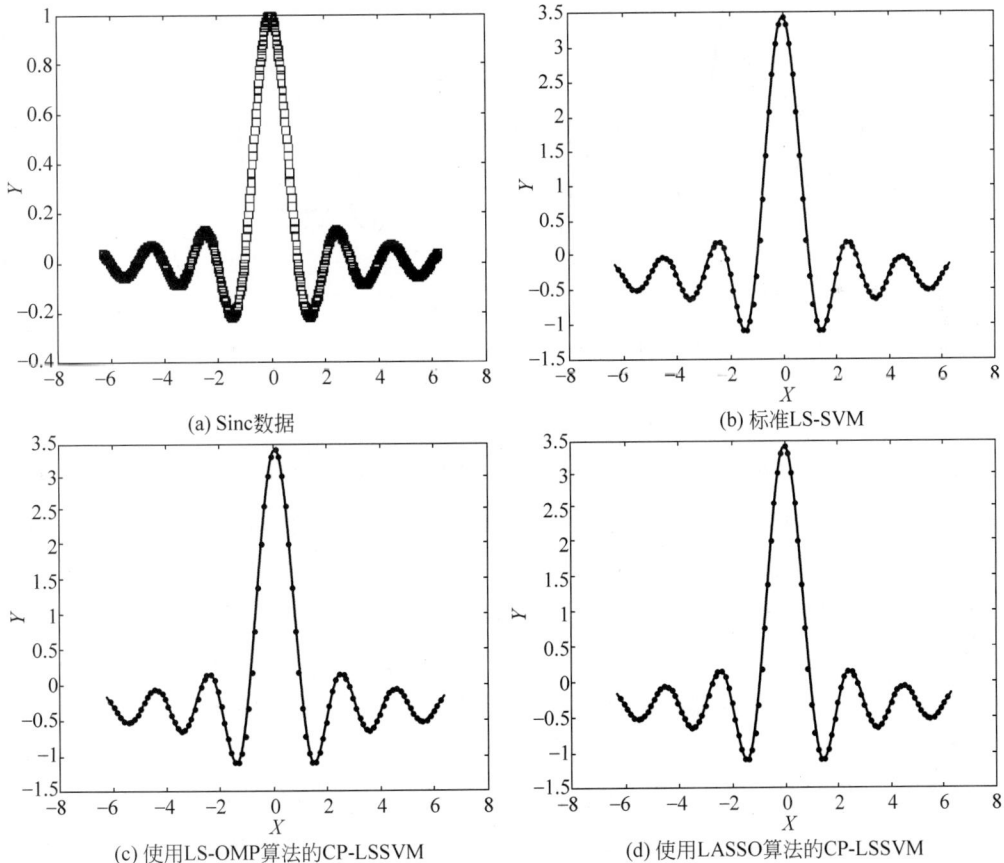

(a) Sinc数据

(b) 标准LS-SVM

(c) 使用LS-OMP算法的CP-LSSVM

(d) 使用LASSO算法的CP-LSSVM

图 3-2 LS-SVM 及使用不同剪枝算法获得的稀疏 LS-SVM 在具有 70%的稀疏比时的回归结果

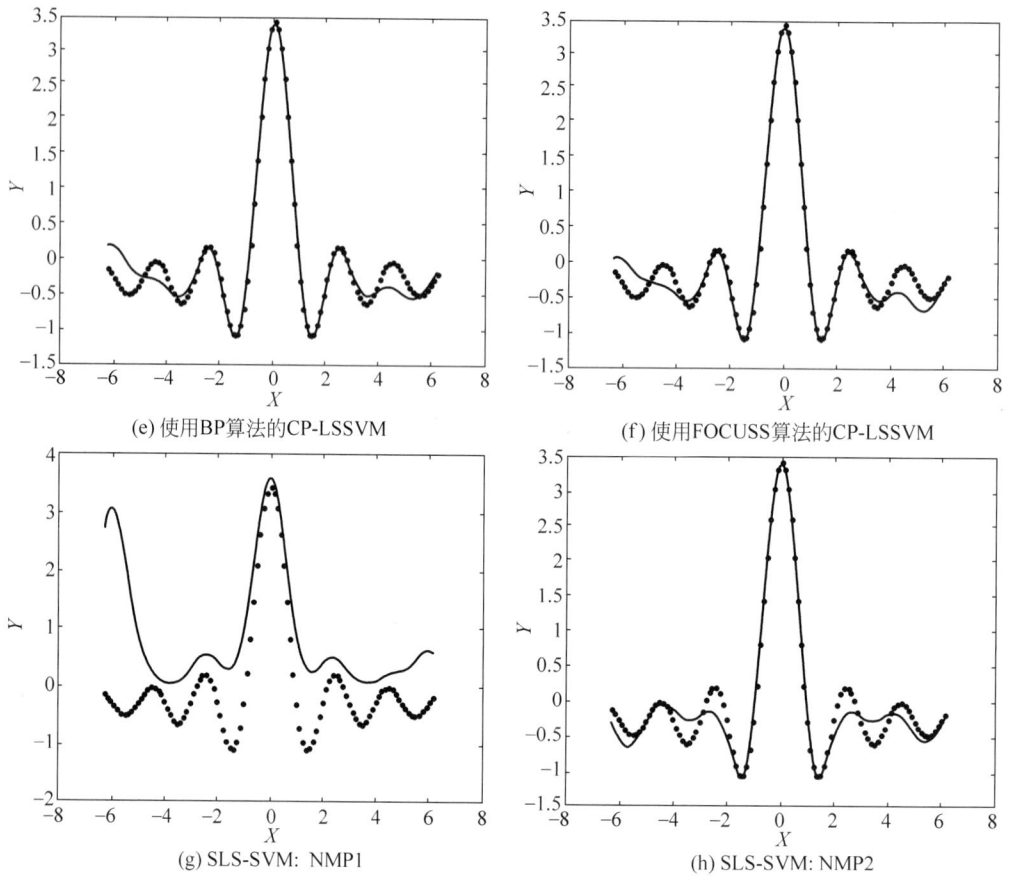

(e) 使用BP算法的CP-LSSVM

(f) 使用FOCUSS算法的CP-LSSVM

(g) SLS-SVM: NMP1

(h) SLS-SVM: NMP2

图 3-2 （续）

除了 CP-LSSVM 的训练和泛化误差外，还研究了 CP-LSSVM 的消耗时间。各种修剪后的 LS-SVM 的测试时间只依赖于支持向量的数量，即它们在相同的稀疏比下消耗相同的测试时间。因此，本实验只研究了使用不同恢复算法的 CP-LSSVM 的训练和剪枝时间。标准 LS-SVM 的训练时间被作为基准线。结果如图 3-3 所示，从图中可以发现，在相同的稀疏比下，除了使用 LS-OMP 的 CP-LSSVM，使用其他恢复算法的 CP-LSSVM 和 SLS-SVM：NMP1 比 SLS-SVM：NMP2 消耗的时间更少。此外，使用 BP 和 FOCUSS 算法的 CP-LSSVM 消耗时间低于标准 LS-SVM。也就是说，这两种修剪后的 LS-SVM 可以在不显著降低泛化性能的情况下节省训练时间。当稀疏比低于 36％时，使用 LS-OMP 的 CP-LSSVM 的消耗时间高于 SLS-SVM：NMP2。然而，当稀疏比低于 36％时，SLS-SVM：NMP2 的泛化性能低于使用 LS-OMP 的 CP-LSSVM。使用 LS-OMP 的 CP-LSSVM 的消耗时间随着稀疏性的增加而减少。当稀疏比非常高时，使用 LS-OMP 消耗 CP-LSSVM 的时间很少。当稀疏比高于 75％时,使用 LS-OMP 的 CP-LSSVM 的消耗时间要小于标准的 LS-SVM。考虑到泛化误差和训练时间,使用不同恢复算法的 CP-LSSVM 模型比两种 SLS-SVM 方法 (NMP1 和 NMP2)表现更好。它们要么在不显著降低泛化性能的情况下节省消耗的时间 (使用 BP 和 FOCUSS 算法的 CP-LSSVM,在稀疏比较高时使用 LS-OMP 和 LASSO 的 CP-LSSVM),要么提高标准 LS-SVM 的泛化性能(在稀疏比较低时使用 LS-OMP 和 LASSO 的 CP-LSSVM)。

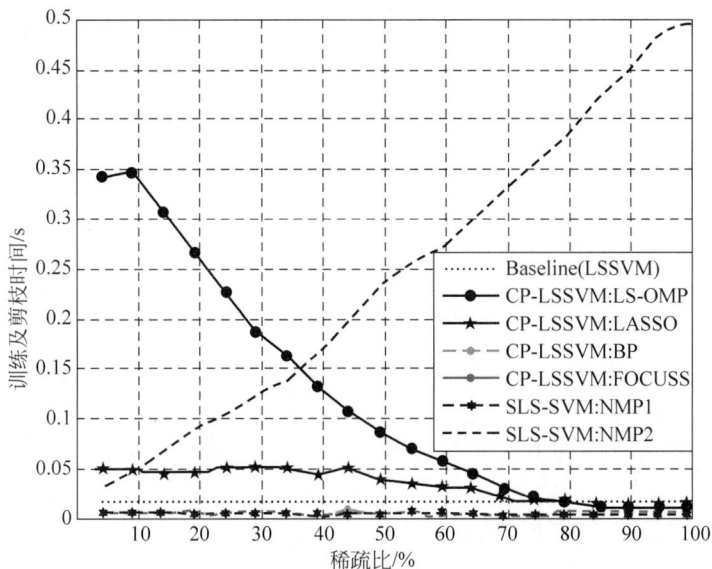

图 3-3　SLS-SVM 及使用不同恢复算法的 CP-LSSVM 的训练及剪枝时间

3. 实验 2：不同稀疏比下的 CP-LSSVM 在 Sinc 和双螺旋数据集上的性能

为了进一步研究 CP-LSSVM 的泛化性能,在本实验中,当稀疏比非常高时,使用 LS-OMP 算法对 Sinc 数据进行近似。CP-LSSVM 在不同稀疏比条件下的回归结果如图 3-4 所示。从图 3-4 可以看出,当稀疏比低于 95％时,使用 LS-OMP 的 CP-LSSVM 可以取得与标准 LS-SVM 相似的结果。当稀疏比低于 90％时,使用 LS-OMP 的 CP-LSSVM 可以完美地拟合 Sinc 数据。还可以发现,当稀疏比低于 85％时,使用 LASSO 的 CP-LSSVM 可以和使用 LS-OMP 的 CP-LSSVM 一样完美地拟合 Sinc 数据。但当稀疏比高于 95％时,使用 LASSO 的 CP-LSSVM 的泛化性能远低于使用 LS-OMP 的 CP-LSSVM。这表明 CP-LSSVM 可以在显著降低 LS-SVM 复杂性的同时,保持标准 LS-SVM 的泛化能力。此外,使用 LS-OMP 的 CP-LSSVM 比使用 LASSO 的 CP-LSSVM 可以更好地降低 LS-SVM 的复杂性。

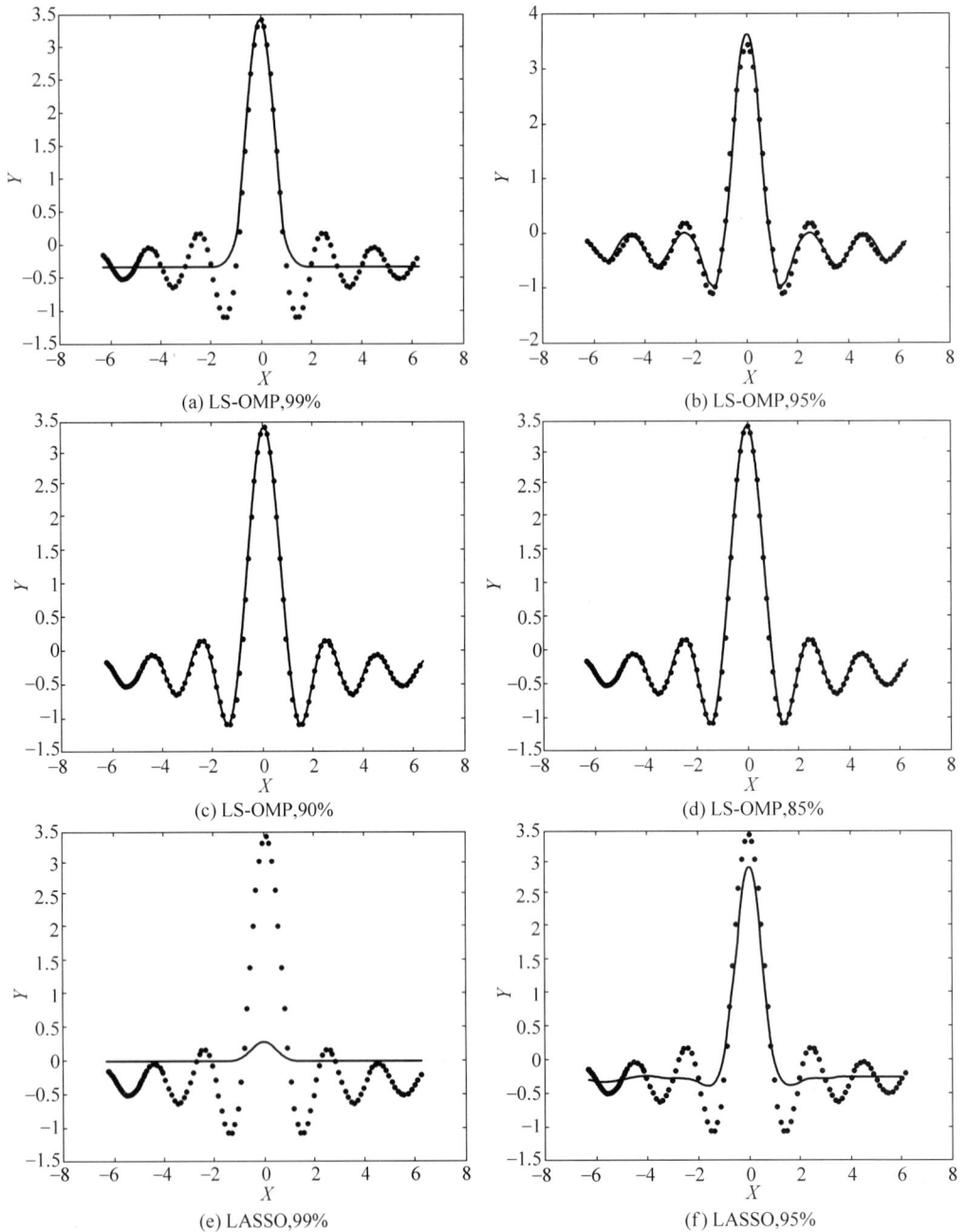

图 3-4 使用 LS-OMP 的 CP-LSSVM(第一行)及使用 LASSO 的 CP-LSSVM

(第二行)在不同稀疏比下在 Sinc 数据集上的函数估计性能

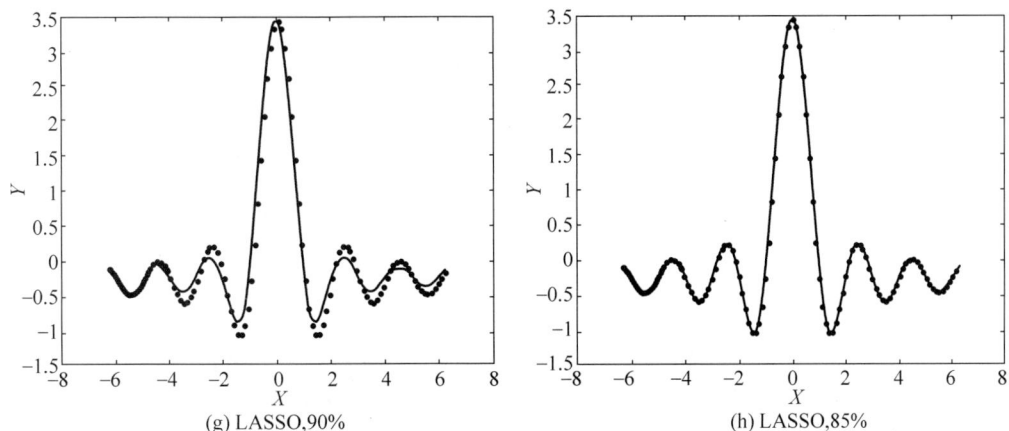

(g) LASSO,90%

(h) LASSO,85%

图 3-4 　(续)

　　在双螺旋数集上进行另一个实验,研究使用 LS-OMP 和 LASSO 算法的 CP-LSSVM 在该二分类问题上的性能,如图 3-5(a)所示。使用 LS-OMP 的 CP-LSSVM 在不同稀疏比下的分类结果分别见图 3-5(e)～图 3-5(h)。从结果中可以看出,当稀疏比大于 95% 时,使用 LS-OMP 的 CP-LSSVM 不能正确区分双螺旋数据,而当稀疏比为 90% 时,它几乎可以正确地区分数据。当稀疏比达到 80% 时,使用 LS-OMP 的 CP-LSSVM 可以准确地对两条曲线进行分类。也就是说,当只保留 20% 的支持向量时,使用 LS-OMP 的 CP-LSSVM 与标准的 LS-SVM 具有相当的泛化性能。在不同稀疏比下,使用 LASSO 的 CP-LSSVM 的分类结果分别见图 3-5(i)～图 3-5(l)。从结果中可以看出,当稀疏比为 95% 时,使用 LASSO 的 CP-LSSVM 对双螺旋数据的泛化性能非常差。当稀疏比达到 80% 时,使用 LASSO 的 CP-LSSVM 几乎可以正确地区分数据。当稀疏比为 70% 时,使用 LASSO 的 CP-LSSVM 可以很好地对大部分样本进行分类。也就是说,当仅保留 30% 的支持向量时,使用 LASSO 的 CP-LSSVM 具有很好的泛化性能。综上所述,仅保留少量的支持向量时 CP-LSSVM 可以很好地对双螺旋数据进行分类。此外,当稀疏比非常高时,使用 LS-OMP 的 CP-LSSVM 比使用 LASSO 的 CP-LSSVM 性能更好。

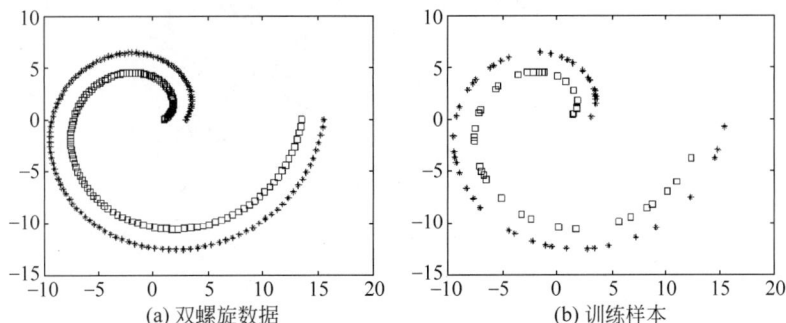

(a) 双螺旋数据

(b) 训练样本

图 3-5 　使用 LS-OMP 的 CP-LSSVM(第一行)及使用 LASSO 的 CP-LSSVM (第二行)在不同稀疏比下在双螺旋数据集上的二分类性能

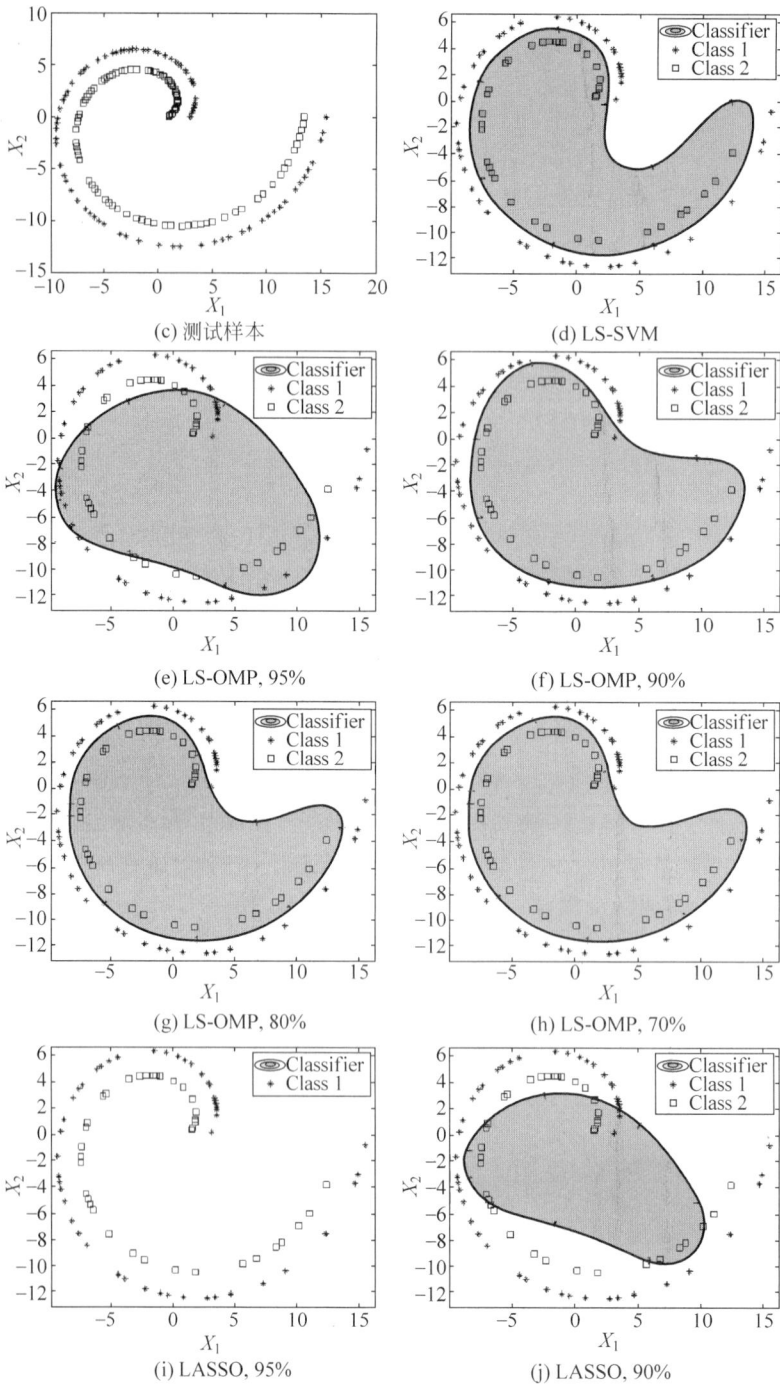

(c) 测试样本

(d) LS-SVM

(e) LS-OMP, 95%

(f) LS-OMP, 90%

(g) LS-OMP, 80%

(h) LS-OMP, 70%

(i) LASSO, 95%

(j) LASSO, 90%

图 3-5　（续）

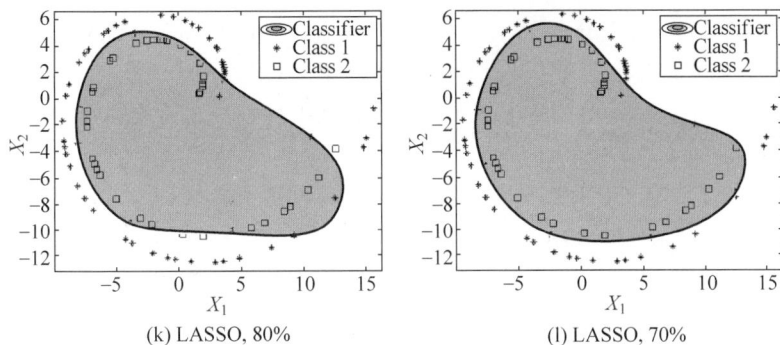

(k) LASSO, 80%　　(l) LASSO, 70%

图 3-5　（续）

4. 实验 3：观测矩阵尺寸变化时 CCP-LSSVM 在 Sinc 数据集上的性能

本实验研究了不同压缩采样比下测量矩阵大小变化时 CCP-LSSVM 的性能。例如，当压缩采样比为 50% 时，在式（3-11）中观测矩阵 $\boldsymbol{\Phi}$ 的大小为 $0.5N \times N$。当稀疏比分别为 90%、75%、50%、30%、15%，压缩采样比分别为 70%、50%、30% 时，通过 Sinc 数据集检验 CCP-LSSVM 的回归性能。以标准 LS-SVM 的测试性能作为基准线，并使用 SLS-SVM：NMP1 和 SLS-SVM：NMP2 进行比较，计算结果如图 3-6 所示。

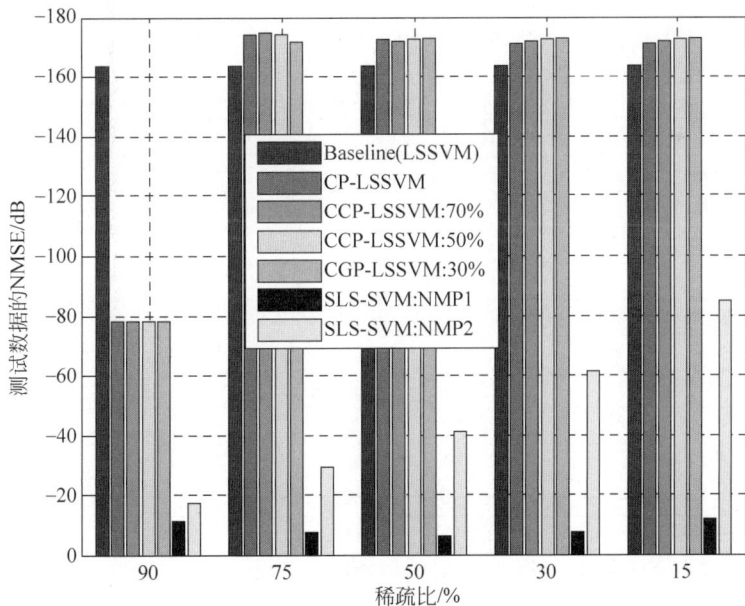

图 3-6　具有不同尺寸观测矩阵的 CCP-LSSVM 在 Sinc 数据集上的推广性能

从结果中可以看出，CP-LSSVM 和 CCP-LSSVM 的泛化性能随压缩采样比和稀疏性的变化而变化较小，且显著优于 SLS-SVM：NMP1 和 SLS-SVM：NMP2。此外，还可以看出，当稀疏比低于 50% 时，具有 50% 和 30% 压缩采样比的 CCP-LSSVM 的性能优于 CP-

LSSVM。此外,当稀疏比低于 75% 时,CP-LSSVM 和 CCP-LSSVM 的表现优于标准的 LS-SVM。换句话说,当稀疏比低于 75% 时,它们提高了 LS-SVM 的泛化性能。

5. 实验 4:CP-LSSVM 和 CCP-LSSVM 与其他相关剪枝算法在 UCI 数据集上的比较

为了进一步调查 CP-LSSVM 和 CCP-LSSVM 的性能,3 个 UCI 回归数据集(Boston、Servo 和 Auto)用于比较 CP-LSSVM、CCP-LSSVM 与其他在文献[33]中讨论的相关修剪方法,包括随机修剪(random pruning)[33]、支持向量(Support Vectors,SV)[16]、$\gamma = \infty$ 的加权支持向量(weighted SV with $\gamma = \infty$)[18]、$\gamma < \infty$ 的加权支持向量(weighted SV with $\gamma < \infty$)[19]、$\gamma < \infty$ 的加权支持向量和(weighted SV sum with $\gamma < \infty$)[33]以及张成(span)[34]。由于训练和测试误差非常小,所以采用 NMSE 比较不同剪枝算法的结果,结果如表 3-2 所示,其中最好的结果以粗体表示。从表 3-2 可以看出,在 Boston 和 Auto 数据集上,CP-LSSVM 和 CCP-LSSVM 在不同稀疏比下均优于其他剪枝算法。在 Servo 数据集上,CP-LSSVM 比文献[33]提出的随机修剪剪枝算法获得了更好的效果。当压缩采样比很低时,CCP-LSSVM 会产生更大的泛化误差。然而,具有 70%、50% 压缩采样比的 CCP-LSSVM 的性能优于文献[33]中的大多数剪枝算法。压缩采样比为 30% 的 CCP-LSSVM 在 Servo 数据集上的性能不如一些相关方法,而在 Auto 数据集上的性能很好。

表 3-2 不同剪枝算法在回归数据集上的推广性能

数据集	剪枝算法	稀疏比/%						
		90	80	60	50	40	20	10
Boston	随机修剪	−0.924	−1.175	−1.409	−1.413	−1.670	−1.849	−1.767
	SV	−1.137	−1.350	−1.801	−1.793	−1.873	−1.962	−1.973
	$\gamma = \infty$ 的加权支持向量	−1.810	−2.068	−2.038	−2.022	−2.049	−1.989	−1.985
	$\gamma < \infty$ 的加权支持向量	−0.101	−0.304	−1.274	−1.290	−1.406	−1.456	−1.946
	$\gamma < \infty$ 的加权支持向量和	−1.406	−2.032	−1.970	−1.986	−1.990	−1.980	−1.979
	张成	−1.196	−1.759	−2.012	−1.996	−2.013	−2.059	−2.011
	CP-LSSVM	−2.115	−2.271	−2.308	−2.303	−2.308	−2.302	−2.301
	CCP-LSSVM:70%	−2.115	−2.264	−2.306	**−2.311**	**−2.312**	**−2.313**	**−2.313**
	CCP-LSSVM:50%	**−2.152**	**−2.303**	**−2.310**	−2.310	−2.305	−2.268	−2.303
	CCP-LSSVM:30%	−2.102	−2.290	−2.259	−2.284	−2.284	−2.287	−2.273
Servo	随机修剪	−0.468	−0.695	−0.953	−1.132	−1.261	−1.451	−1.476
	SV	0.227	−0.635	−0.442	−1.322	−1.431	−1.499	−1.514
	$\gamma = \infty$ 的加权支持向量	−0.343	−1.341	−1.562	−1.559	−1.539	−1.511	−1.511
	$\gamma < \infty$ 的加权支持向量	−0.042	−0.851	−1.441	−1.444	−1.345	−1.501	−1.510
	$\gamma < \infty$ 的加权支持向量和	−0.777	−1.332	−1.421	−1.529	−1.534	−1.510	−1.512
	张成	−0.226	−0.467	−1.130	−1.290	−1.467	−1.519	−1.539
	CP-LSSVM	**−1.423**	**−1.538**	−1.569	−1.578	**−1.580**	**−1.574**	**−1.575**
	CCP-LSSVM:70%	−1.299	−1.524	**−1.584**	−1.569	−1.566	−1.519	−1.532
	CCP-LSSVM:50%	−1.177	−1.464	−1.546	**−1.584**	−1.524	−1.549	−1.549
	CCP-LSSVM:30%	−0.971	−1.502	−1.549	−1.511	−1.498	−1.205	−1.382

续表

数据集	剪枝算法	稀疏比/%						
		90	80	60	50	40	20	10
Auto	随机修剪	-1.834	-2.115	-2.197	-2.277	-2.233	-2.316	-2.340
	SV	-0.612	-2.125	-2.317	-2.311	-2.318	-2.339	-2.333
	$\gamma=\infty$ 的加权支持向量	-2.206	-2.257	-2.316	-2.303	-2.348	-2.347	-2.339
	$\gamma<\infty$ 的加权支持向量	-1.936	-2.321	-2.269	-2.262	-2.325	-2.307	-2.310
	$\gamma<\infty$ 的加权支持向量和	-2.149	-2.227	-2.304	-2.312	-2.339	-2.337	-2.336
	张成	-1.975	-2.157	-2.265	-2.327	-2.332	-2.344	-2.334
	CP-LSSVM	-2.402	-2.405	-2.406	-2.406	-2.406	-2.408	-2.408
	CCP-LSSVM：70%	-2.400	-2.407	-2.408	-2.409	$\mathbf{-2.410}$	-2.410	$\mathbf{-2.410}$
	CCP-LSSVM：50%	-2.398	$\mathbf{-2.408}$	$\mathbf{-2.411}$	$\mathbf{-2.411}$	-2.408	-2.412	-2.406
	CCP-LSSVM：30%	$\mathbf{-2.405}$	-2.405	-2.406	-2.409	-2.409	$\mathbf{-2.415}$	-2.398

对于表 3-1 中的二分类数据（Acr、Bld、Hea、Ttt 数据），还分别测试了 CP-LSSVM 和压缩采样比为 70%、50%、30% 的 CCP-LSSVM 的性能，并与基于 Suykens 剪枝算法的 LS-SVM（Suykens' pruning algorithm LS-SVM，SLS-SVM）[15]、基于 Li 剪枝算法的 LS-SVM（Li's pruning algorithm LS-SVM，LLS-SVM）[17] 和基于 Kruif 剪枝算法的 LS-SVM（Kruif's pruning algorithm LS-SVM，KLS-SVM）[18] 的结果进行了比较。为了更直观地比较各种模型的泛化性能，将泛化偏差定义为稀疏 LS-SVM 的泛化精度减去标准 LS-SVM 的泛化精度。实验结果见表 3-3。从表 3-3 可以看出，鉴于 CP-LSSVM 和压缩采样比为 70%、50%、30% 的 CCP-LSSVM 在 Acr 数据、Bld 数据、Ttt 数据集上关于 Sparsity 和泛化偏差优于其他方法。然而，对于 Hea 数据，CP-LSSVM 和 CCP-LSSVM 与 KLS-SVM 相比失去了优势。从表 3-3 可以看出，CCP-LSSVM 的大部分泛化偏差都是正的。也就是说，CCP-LSSVM 在大多数情况下都可以提高标准 LS-SVM 的泛化性能。CP-LSSVM 的泛化偏差虽然为负值，但是它们的绝对值并不是很大。也就是说，对于一个相对复杂的分类问题，CP-LSSVM 只需牺牲很少的泛化性能就可以提高 LS-SVM 的稀疏性。

表 3-3　不同剪枝算法在分类数据集上的推广性能

剪枝算法	N_{sv}				泛化偏差/%			
	Acr	Bld	Hea	Ttt	Acr	Bld	Hea	Ttt
SLSSVM[15]	41	153	86	511	-4.43	-5.56	-0.89	-0.06
LLSSVM[17]	20	50	94	143	-1.3	-3.13	-1.33	-0.75
KLSSVM[18]	53	125	43	428	-4.17	-4.87	1.34	-0.56
CP-LSSVM	20	23	45	128	-0.87	-0.87	-0.39	-0.31
CCP-LSSVM：70%	20	35	45	224	1.74	1.74	0.22	0.31
CCP-LSSVM：50%	20	35	27	64	1.30	1.74	-0.06	0
CCP-LSSVM：30%	23	35	18	64	0.87	3.45	0.22	-0.31

6. 实验 5：CP-LSSVM 和 CCP-LSSVM 的稳健性测试

为了研究所提出方法的稳健性,分别在加高斯白噪声和椒盐噪声的 Sinc 数据集上测试了 CP-LSSVM 和压缩采样比为 70%、50%、30% 的 CCP-LSSVM。以标准 LS-SVM 的性能作为基准线进行测试,并用 SLS-SVM：NMP1 和 SLS-SVM：NMP2 进行比较。所有结果如表 3-4 所示,最佳结果采用粗体表示。从结果可以看到,对于加高斯白噪声(均值 $m=0$,方差分别为 $\sigma^2=0.01$ 和 $\sigma^2=0.1$)和椒盐噪声(强度分别为 $d=0.01$ 和 $d=0.1$)的 Sinc 数据,CP-LSSVM 和压缩采样比为 70%、50%、30% 的 CCP-LSSVM 比标准 LS-SVM 性能略差。该方法的所有结果均明显优于 SLS-SVM：NMP1 和 SLS-SVM：NMP2 的结果。因此,该方法对加性噪声和椒盐噪声均具有稳健性。

表 3-4　CP-LSSVM 和 CCP-LSSVM 在加噪 Sinc 数据集上的推广性能

噪声	NMSE /dB	稀疏比/%						
	剪枝算法	90	80	60	50	40	20	10
高斯 $m=0$ $\sigma^2=0.01$	基准线	−24.15						
	CP-LSSVM	−23.60	**−24.00**	**−23.95**	−23.67	−23.38	−22.85	−22.76
	CCP-LSSVM：70%	−23.70	−23.87	−23.73	−23.72	−23.68	−23.70	−23.70
	CCP-LSSVM：50%	−23.75	−23.91	−23.91	**−23.91**	**−23.91**	**−23.91**	**−23.91**
	CCP-LSSVM：30%	**−23.84**	−23.62	−23.49	−23.49	−23.49	−23.49	−23.49
	SLS-SVM：NMP1	150.95	158.67	163.31	163.06	161.99	156.18	149.17
	SLS-SVM：NMP2	138.40	139.33	134.07	126.99	120.33	88.45	66.04
高斯 $m=0$ $\sigma^2=0.1$	基准线	−8.58						
	CP-LSSVM	−8.45	**−8.55**	−7.94	−7.68	−7.52	−7.74	−7.72
	CCP-LSSVM：70%	−8.50	−8.46	**−8.41**	−8.39	−8.39	**−8.40**	**−8.40**
	CCP-LSSVM：50%	−8.51	−8.41	−8.34	−8.35	−8.35	−8.35	−8.35
	CCP-LSSVM：30%	**−8.55**	−8.45	−8.40	**−8.40**	**−8.40**	**−8.40**	**−8.40**
	SLS-SVM：NMP1	157.52	164.74	168.48	167.50	165.64	158.23	152.27
	SLS-SVM：NMP2	149.70	153.24	147.83	140.99	131.81	105.81	80.57
椒盐 $d=0.01$	基准线	−41.03						
	CP-LSSVM	−39.19	−40.69	**−41.00**	**−40.98**	**−40.95**	−40.87	−40.82
	CCP-LSSVM：70%	−39.41	−40.88	−40.95	−40.94	−40.92	**−40.92**	**−40.92**
	CCP-LSSVM：50%	−39.75	**−40.97**	−40.81	−40.81	−40.81	−40.81	−40.81
	CCP-LSSVM：30%	**−40.08**	−40.92	−40.79	−40.79	−40.79	−40.79	−40.79
	SLS-SVM：NMP1	141.96	146.79	149.44	149.79	149.76	147.71	143.27
	SLS-SVM：NMP2	115.37	109.41	103.33	95.69	85.76	62.35	38.16
椒盐 $d=0.1$	基准线	−9.88						
	CP-LSSVM	−9.71	−9.77	−9.85	−9.85	−9.86	−9.85	−9.84
	CCP-LSSVM：70%	−9.77	−9.82	**−9.88**	**−9.88**	**−9.88**	**−9.88**	**−9.88**
	CCP-LSSVM：50%	**−9.82**	**−9.83**	−9.82	−9.82	−9.82	−9.82	−9.82
	CCP-LSSVM：30%	−9.76	−9.78	−9.78	−9.78	−9.78	−9.78	−9.78
	SLS-SVM：NMP1	165.56	167.39	167.88	167.74	167.26	162.95	157.16
	SLS-SVM：NMP2	151.35	143.67	121.06	105.71	94.34	71.09	47.14

3.2 基于稀疏 LS-SVM 的高光谱影像分类

3.2.1 引言

高光谱数据中包含的丰富信息可用于对同一物种的分类,这使得 HIC 近年来非常具有吸引力。在有监督的 HIC 方法中,SVM 获得了良好的分类结果,因为它通过使用由少量精心选择的支持向量建立的紧凑拓扑,在偏差和方差之间进行了权衡[35]。SVM 可以使用相对较少的标记训练样本有效地处理大的输入空间,并以稳健的方式处理噪声样本[36-37]。近年来,各种研究进一步提高了 SVM 的性能。首先,设计了多输出支持向量回归(Multiple-output Support Vector Regression,MSVR)模型来解决多元应用问题[38-39],并提出了模糊 SVM 模型来有效地处理分类中的异常值或噪声[40]。其次,由于 SVM 中参数的重要性,近年来提出了许多有效的 SVM 参数优化方法。其中最流行的方法是网格搜索,它在参数空间中进行穷尽搜索以使验证误差最小化[41-42]。除了网格搜索,混合算法[如综合学习粒子群优化器与 Broyden-Fletcher-Goldfarb-Shanno 混合(hybrid Comprehensive Learning Particle Swarm Optimizer with Broyden-Fletcher-Goldfarb-Shanno,CLPSO-BFGS))算法[43]]、模因算法[如粒子群优化和模式搜索(Particle Swarm Optimization and Pattern Search,PSO-PS)模因算法[44]]和基于萤火虫算法的方法[38,45]被提出来以调节 SVM[43-44]、支持向量回归(Support Vector Regression,SVR)[45]和多输出的支持向量回归(Multi-output Support Vector Regression,MSVR)[38]的参数。这些方法极大地提高了参数设置的稳定性,从而使用它们调节参数的 SVM 获得了良好的泛化性能。因此,SVM 非常适合于 HIC,近年来在精确性和稳健性方面表现出了良好的性能[46-47]。

虽然 SVM 的泛化性能很好,但 SVM 的计算复杂度很高,因为它要求解带一组不等式约束的二次规划。LS-SVM 是标准 SVM 的改进版本,它在求解二次规划时用等式约束代替不等式约束[10]。因此,LS-SVM 比 SVM 更具有计算吸引力,并已应用于 HIC[48-49]。然而,LS-SVM 并不执行模型选择且失去了 SVM 的稀疏性,因此被用于 HIC 时,泛化的存储成本、计算成本和预测误差都有所增加。尽管已经开发了许多剪枝算法来将稀疏性施加于原始的 LS-SVM[15,17],但这些方法需要迭代地修剪训练样本,并对约简后的 LS-SVM 进行再训练。一些工作旨在通过对 LS-SVM 施加稀疏性来缓解这一问题[20,50]。这些技术能够在训练时迭代地构造一个稀疏的 LS-SVM。然而,迭代训练的成本是高昂的。此外,这些算法的收敛性还取决于优化算法是否成功。

本节受最近发展的压缩感知理论[21-22]的启发,建立了一种具有稀疏拓扑结构的紧凑型 LS-SVM,以实现高光谱影像的精确分类。该稀疏模型可以看作原始 LS-SVM 的低维观测。通过从训练数据中学习压缩观测矩阵,然后借助压缩感知技术求解多观测向量(Multiple

Measurement Vector, MMV)优化问题,减少无用的支持向量,从而得到稀疏拓扑。另外,可以观察到相邻的高光谱像素很可能属于同一类。即高光谱影像的标签存在空间同质性,有利于对高光谱影像的分类。因此,将空间信息纳入分类可以提高分类精度。在文献[51-52]中,将给定高光谱像素的空间近邻集定义为以给定像素为中心的一个小窗口。然而,对于位于多种类边缘的像素,这种空间同质性假设是无效的。在小窗口中,有一些和中心像素不属于同一类的噪声像素。将这些噪声像素作为中心像素的空间近邻,涉及这些高光谱像素中的噪声信息,从而降低高光谱影像的分类精度。在我们的工作中,通过对高光谱影像进行局部自适应空间同质性假设,对 LS-SVM 进行正则化处理。通过根据边缘图自适应地选择像素的空间近邻,在光谱域和空间域上重新定义了高光谱像素。本节的研究利用光谱和空间特征的加权和建立了空-谱最小二乘支持向量机(Spatial-Spectral Least Square Support Vector Machine,SS-LSSVM)模型。然后提出了一种受耦合压缩感知启发的稀疏 SS-LSSVM(Coupled Compressed Sensing inspired sparse SS-LSSVM,CCS4-LSSVM)。CCS4-LSSVM 通过将光谱信息和自适应提取的空间信息相结合,不仅避免了原始 LS-SVM 的斑状误分类,还降低了噪声像素的影响。

与现有的 HIC 方法相比,CCS4-LSSVM 具有以下特性。

(1) CCS4-LSSVM 比 SVM 在计算上更具吸引力,因为它求解的是一个线性方程组,而不是一个二次规划。

(2) 由于 CCS4-LSSVM 的稀疏拓扑结构,用于 HIC 的 CCS4-LSSVM 的性能可与 SVM 相媲美。

(3) CCS4-LSSVM 是采用一步式策略构建的,所设计的与字典矩阵耦合的压缩观测矩阵保证了与字典的高度不相干性,避免了迭代选择重要的支持向量,使快速、高精度的 HIC 成为可能。

(4) CCS4-LSSVM 通过将光谱信息与自适应提取的空间近邻结合在一起,可以避免带有噪声的像素的影响和原始 LS-SVM 的斑状误分类。

将 CCS4-LSSVM 与空谱 SVM(Spatial-Spectral SVM,SS-SVM)和空谱 LSSVM(Spatial-Spectral LSSVM,SS-LSSVM)等方法进行比较,在多个高光谱数据集上进行实验。结果表明,CCS4-LSSVM 具有更高的分类精度。

3.2.2　基于多观测向量的稀疏 LS-SVM

CS 提供了一个新的信息采集和处理框架,允许从一组规模较小的观测数据中重建稀疏或可压缩的信号。假设一组信号 $X=[x_1,x_2,\cdots,x_N]\in\Re^{N\times d}$ 在字典 $\Psi\in\Re^{N\times N}$ 下是可压缩的,即 $X=\Psi\Theta$,其中,$\|\Theta\|_{row,0}=S$ 是包含非零元素的行数。许多与压缩采样特性相匹配的应用都涉及多个相关信号的分布采集。所有相关信号都稀疏且非零系数索引相同的多重信号情形被称为 MMV 问题[53]。MMV 的目标是从联合稀疏表示 $Y=\Phi X\in\Re^{M\times d}$

中恢复 X，其中 $N \gg M$，可以表示为

$$\begin{cases} \min_{\Theta} \| \Theta \|_{\mathrm{row},0} \\ \mathrm{s.\,t.}\ \ Y = \Phi X = \Phi \Psi \Theta \end{cases} \tag{3-14}$$

众所周知，高光谱影像的标签存在一定的空间同质性，即相邻像素可能属于同一类，将空间信息纳入分类可以提高分类精度。对于图像中的每个高光谱向量 x，其空间邻域 NB(x) 被定义为一个以 x 为中心的小窗口中的样本集。图 3-7 显示了一些高光谱向量 x（黄色圆圈）和它们在一个带有红色边界的方块中的空间近邻。在块中，相邻像素共享相同的标签，这可以用来克服像素的斑状误分类。然而，这种空间假设并不总是有效的，特别是对于位于几个类的边缘的像素。例如，图 3-7 显示了一些不符合空间假设的像素（红色圆圈），它们的空间近邻在一个带有黄色边界的方块中。从这些空间邻域的标签中可以看出，在空间邻域 NB(x) 中，这些邻域可以分为两组：像素属于同一个类；像素属于不同的类。在我们的工作中，我们期望当空间近邻属于同一类时，空间平滑性是有效的；而当空间近邻属于不同的类时，它是无效的。

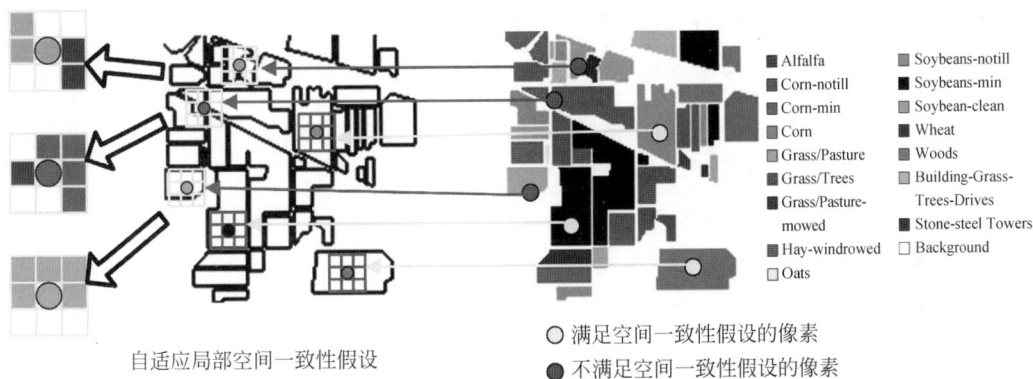

■ Alfalfa	■ Soybeans-notill
■ Corn-notill	■ Soybean-min
■ Corn-min	■ Soybean-clean
■ Corn	■ Wheat
■ Grass/Pasture	■ Woods
■ Grass/Trees	■ Building-Grass-Trees-Drives
■ Grass/Pasture-mowed	■ Stone-steel Towers
■ Hay-windrowed	□ Background
□ Oats	

自适应局部空间一致性假设

○ 满足空间一致性假设的像素
● 不满足空间一致性假设的像素

图 3-7　自适应局部空间假设

对于一个高光谱影像 I，可以很容易地得到 I 的边缘图。直观地说，如果在边缘图中有一个边与两个像素的连线交叉，这两个像素应该属于不同的类别[54]。因此，对于给定的像素 x，从 NB(x) 中分离出来的像素，可以避免局部窗中噪声像素的影响。像素 x 的自适应局部空间邻域由 NB(x) 中保留的像素组成，记为 x^{NB}。

记高光谱像素对应的谱向量为 $x = [x_1, x_2, \cdots, x_d]^{\mathrm{T}} \in \Re^{d \times 1}$，目标是基于一组标记的高光谱向量 $S = \{(x_1, y_1), (x_2, y_2), \cdots, (x_N, y_N)\}$，找到 x 和它的标签 $y \in \{1, 2, \cdots, C\}$ 之间的对应关系。在本研究中，在光谱域和空间域重新定义了高光谱像素 x。x 的光谱向量 $x^w = [x_1^w, x_2^w, \cdots, x_d^w]^{\mathrm{T}} = [x_1, x_2, \cdots, x_d]^{\mathrm{T}}$ 表示其光谱信息，x^{NB} 中各像素的谱带的平均值记为 $x^s = [x_1^s, x_2^s, \cdots, x_d^s]^{\mathrm{T}}$ 表示其空间信息。将光谱向量 x 替换为光谱向量和空间向

量的加权和 $x^{ws}=\mu x^w+(1-\mu)x^s(0\leqslant\mu\leqslant1)$，则光谱信息和空间信息都可以用于 HIC。

HIC 是一个多分类问题，因此用于二分类问题的传统 SVM 需要被改进，以处理多个二分类问题。考虑一个用非线性空谱 SVM(Spatial-Spectral SVM,SS-SVM)解决的二分类问题，样本 x 的输出为

$$f(x^{ws})=\mathrm{sign}(w^\mathrm{T}\varphi(x^{ws})+b) \tag{3-15}$$

其中，非线性映射 $\varphi(\cdot):\Re^d\to\Re^n\ (n>d)$ 将 x^{ws} 映射到一个更高维的特征空间，且 $\varphi(\cdot)$ 通常不能显式地表示。在 LS-SVM 中，权向量 w 和偏置项 b 可以通过求解以下优化问题从训练样本中估计出来

$$\begin{cases}\min\limits_{w,b,\boldsymbol{\xi}}J(w,\boldsymbol{\xi})=\dfrac{1}{2}w^\mathrm{T}w+\gamma\ \dfrac{1}{2}\sum\limits_{i=1}^N\xi_i\\ \mathrm{s.\,t.}\ \ y_i=w^\mathrm{T}\varphi(x_i^{ws})+b+\xi_i,\quad i=1,2,\cdots,N\end{cases} \tag{3-16}$$

其中，γ 是正则化参数，$\boldsymbol{\xi}=[\xi_1,\xi_2,\cdots,\xi_N]$ 是松弛向量，其中，ξ_i 是第 i 个样本的松弛变量，当第 i 个样本属于这个二分类问题中的正类时，$y_i=1$；当第 i 个样本属于这个二分类问题中的负类时，$y_i=-1$。式(3-16)的拉格朗日函数是

$$L(w,b,\boldsymbol{\xi},a)=J(w,\boldsymbol{\xi})-\sum_{i=1}^N a_i\{y_i[w^\mathrm{T}\varphi(x_i^{ws})+b]-1+\xi_i\} \tag{3-17}$$

其中，a_i 是拉格朗日乘子。式(3-17)的优化可以通过推导出最优条件

$$\frac{\partial L}{\partial w}=\frac{\partial L}{\partial b}=\frac{\partial L}{\partial\xi_i}=\frac{\partial L}{\partial a_i}=0$$

进行求解。SS-LSSVM 在任意点 x^{ws} 的输出可以根据

$$f(x^{ws})=\mathrm{sign}(w^\mathrm{T}\varphi(x^{ws})+b)=\mathrm{sign}\Big(\sum_{i=1}^N a_iK(x_i^{ws},x^{ws})+b\Big) \tag{3-18}$$

计算。所以只需要计算 a 和 b。在消除了 w 和 $\boldsymbol{\xi}$ 后，式(3-17)的 KKT 系统可以转化为一个线性系统

$$\begin{bmatrix}0 & \mathbf{1}^\mathrm{T}\\ \mathbf{1} & K+\gamma^{-1}I_N\end{bmatrix}\begin{bmatrix}b\\ a\end{bmatrix}=\begin{bmatrix}0\\ y\end{bmatrix} \tag{3-19}$$

其中，$a=[a_1,a_2,\cdots,a_N]^\mathrm{T}$；$\mathbf{1}=[1,1,\cdots,1]_{1\times N}^\mathrm{T}$；$y=[y_1,y_2,\cdots,y_N]^\mathrm{T}$；$K\in\Re^{N\times N}$ 是对称正值核矩阵，K 的第 i,j 个元素为

$$K_{ij}=K(x_i^{ws},x_j^{ws})=\langle\varphi(x_i^{ws}),\varphi(x_j^{ws})\rangle$$

考虑到多重分类问题可以等价于一组 L 个二分类问题，并通过 SS-LSSVM 进行求解，因此该问题的 KKT 系统可以简化为

$$\begin{bmatrix}0 & \mathbf{1}^\mathrm{T}\\ \mathbf{1} & K+\gamma^{-1}I_N\end{bmatrix}\begin{bmatrix}b\\ A\end{bmatrix}=\begin{bmatrix}\mathbf{0}\\ Y\end{bmatrix} \tag{3-20}$$

其中，$\boldsymbol{b} = [b_1, b_2, \cdots, b_L]$，$\boldsymbol{A} = [\boldsymbol{\alpha}_1, \boldsymbol{\alpha}_2, \cdots, \boldsymbol{\alpha}_L]_{N \times L}$，$\boldsymbol{0} = [0, 0, \cdots, 0]_{1 \times L}$，$\boldsymbol{Y} = [\boldsymbol{y}_1, \boldsymbol{y}_2, \cdots, \boldsymbol{y}_L]_{N \times L}$。需要注意的是，修剪一个特定的训练样本相当于将矩阵 $\boldsymbol{A}$ 中相应行的元素设置为零。在此前提下，可以将寻找用于 HIC 的 SS-LSSVM 稀疏拓扑的目标简化为寻找满足式(3-20)的最优联合稀疏参数向量 $\hat{\boldsymbol{A}} = \begin{bmatrix} \boldsymbol{b} \\ \boldsymbol{A} \end{bmatrix} \in \Re^{(N+1) \times L}$。因此，寻找用于 HIC 的 SS-LSSVM 的稀疏拓扑可以简化为求解一个 MMV 问题

$$\begin{cases} \min\limits_{\hat{\boldsymbol{A}}} \| \hat{\boldsymbol{A}} \|_{\text{row},0} \\ \text{s. t. } \boldsymbol{\Psi} \hat{\boldsymbol{A}} = \hat{\boldsymbol{Y}} \end{cases} \tag{3-21}$$

其中，

$$\boldsymbol{\Psi} = \begin{bmatrix} 0 & \boldsymbol{1}^{\mathrm{T}} \\ \boldsymbol{1} & \boldsymbol{K} + \gamma^{-1} \boldsymbol{I}_N \end{bmatrix} \in \Re^{(N+1) \times (N+1)}$$

$$\hat{\boldsymbol{Y}} = \begin{bmatrix} \boldsymbol{0} \\ \boldsymbol{Y} \end{bmatrix} \in \Re^{(N+1) \times 1}$$

协同稀疏恢复问题(3-21)可以用贪婪算法[55]或凸规划[56]进行近似求解。在本章中，使用协同正交匹配追踪(Simultaneous Orthogonal Matching Pursuit，SOMP)[52]这种贪婪追踪算法来求解式(3-21)。

3.2.3　基于耦合压缩感知的稀疏 LS-SVM

当 N 较大时，优化式(3-21)的计算和存储复杂度很高。为了降低求解式(3-21)的代价，将式(3-20)的左右两侧同时乘以一个压缩采样矩阵$\boldsymbol{\Phi}$，该优化问题可以转换为

$$\begin{cases} \min\limits_{\hat{\boldsymbol{A}}} \| \hat{\boldsymbol{A}} \|_{\text{row},0} \\ \text{s. t. } \boldsymbol{\Phi} \boldsymbol{\Psi} \hat{\boldsymbol{A}} = \boldsymbol{\Phi} \hat{\boldsymbol{Y}} \end{cases} \tag{3-22}$$

这一步可以显著降低优化成本，使约束更欠定，从而拓宽解的范围。根据文献[22]的结论，采样矩阵$\boldsymbol{\Phi}$与字典矩阵$\boldsymbol{\Psi}$之间的相干性越小，需要的样本就越少。高斯随机矩阵$\boldsymbol{\Phi} \in \Re^{M \times (N+1)}$与任何固定基$\boldsymbol{\Psi} \in \Re^{(N+1) \times (N+1)}$高度不相干，因此高斯随机矩阵经常被作为 CS 中普通字典矩阵的观测矩阵。但在我们提出的方法中字典矩阵是给定的，因此我们期望设计一个与字典耦合的采样矩阵，它能与字典更加不相干。

受 PCA 中保留主成分思想的启发[57]，本节计算了矩阵$\boldsymbol{\Psi}$的 SVD，记为$\boldsymbol{\Psi} = \boldsymbol{U} \boldsymbol{\Lambda} \boldsymbol{V}$。对奇异值进行排序，选择最大的 M 个值，其求和与所有奇异值求和的比值为 $1 - \sigma$。这 M 个奇异值对应的 M 列是 M 个主特征向量，记为$\boldsymbol{U}_M$。根据 2.2.2 节的知识，矩阵$\boldsymbol{U}_M^{\mathrm{T}}$与字典矩

阵 $\boldsymbol{\Phi}$ 具有高度不相干性[22]。利用与字典 $\boldsymbol{\Psi}$ 耦合的压缩矩阵 $\boldsymbol{U}_M^{\mathrm{T}}$，通过 MMV 优化算法可以导出 SS-LSSVM 的稀疏拓扑。我们提出了一种受耦合压缩感知启发的稀疏空谱 LS-SVM（Coupled Compressed Sensing inspired sparse spatial-spectral LS-SVM，CCS4-LSSVM）。算法 3-2 描述了用于 HIC 的 CCS4-LSSVM 的构造过程。

算法 3-2：用于 HIC 的 CCS4-LSSVM

输入：一幅具有 l 个标记高光谱向量 $\{(\boldsymbol{x}_i, y_i), i = 1, 2, \cdots, l\}$ 和 $N - l$ 个未标记高光谱向量 $\{\boldsymbol{x}_i, i = l+1, l+2, \cdots, N\}$ 的高光谱影像 $\boldsymbol{I}$，参数 μ 和 σ，支持向量数目 S（或停止参数 ε）。

输出：高光谱影像 $\boldsymbol{I}$ 的标记。

1：对于高光谱影像 $\boldsymbol{I}$ 中所有高光谱向量，通过基于边缘图自适应地选择空间近邻计算空间向量、光谱向量和空间向量的加权和；

2：选择一个核函数 $K(\boldsymbol{x}_i, \boldsymbol{x}_j)$，计算字典矩阵 $\boldsymbol{\Psi}$；

3：计算矩阵 $\boldsymbol{\Psi}$ 的 SVD $\boldsymbol{\Psi} = \boldsymbol{U}\boldsymbol{\Lambda}\boldsymbol{V}$，并根据参数 σ 选择矩阵 $\boldsymbol{U}_M^{\mathrm{T}}$ 作为观测矩阵；

4：根据式(3-22)，使用 SOMP 算法从 $(\boldsymbol{\Phi}\boldsymbol{\Psi}, \boldsymbol{\Phi}\hat{\boldsymbol{Y}}, N_{\mathrm{SV}})$（或 $(\boldsymbol{\Phi}\boldsymbol{\Psi}, \boldsymbol{\Phi}\hat{\boldsymbol{Y}}, \varepsilon)$）中计算稀疏 $\hat{\boldsymbol{A}}$；

5：用 $\mathrm{sign}\left(\sum_{i=1}^{l} a_i^* K(\boldsymbol{x}_i^{\mathrm{ws}}, \boldsymbol{x}_j^{\mathrm{ws}})\right), i = l+1, l+2, \cdots, N$ 预测未标记样本的标签。

3.2.4　实验结果与分析

本节评估了 CCS4-LSSVM 算法在 5 个高光谱影像上的性能，并将 CCS4-LSSVM 的性能与 SS-SVM 和 SS-LSSVM 等相关方法进行了比较。在 SS-SVM、SS-LSSVM 和 CCS4-LSSVM 中使用 RBF 核、正则化参数和 RBF 核中的宽度参数通过 $\{10^{-5}, 10^{-4}, \cdots, 10^4, 10^5\} \times \{10^{-5}, 10^{-4}, \cdots, 10^4, 10^5\}$ 范围内的 5 折交叉验证进行调节。在涉及的所有方法中，均采用一对一策略来解决多分类问题。针对不同算法的所有仿真都在 MATLAB7.10.0（R2010a）环境下进行（其中运行主机的主要指标包括四核处理器 Core2Quad、2.99GHz CPU、1.95GB RAM）。接下来简要描述本节实验中使用的高光谱影像。

1. 基准高光谱影像

在本节中，评估了 CCS4-LSSVM 算法和其他比较算法在 5 种高光谱影像上的性能，5 种高光谱影像分别为 Indian Pines（印度松林）影像、Pavia University（帕维亚大学）影像、Salinas（萨利纳斯）影像、Botswana（博茨瓦纳）影像和 KSC（Kennedy Space Center，肯尼迪航天中心）影像。

（1）Indian Pines 影像：这个高光谱影像是由机载可见光/红外成像光谱仪（Airborne Visible/InfraRed Imaging Spectrometer，AVIRIS）传感器于 1992 年 6 月在印第安纳州西北部的印度松林测试点获得的。该影像有 220 个光谱波段，空间维度为 $145 \times 145\mathrm{px}$，空间分辨率为每像素 20m。Indian Pines 影像中三分之二是农业景观，剩余的三分之一是森林和其他自然植被。在进行算法评估实验时，去掉了 20 个覆盖吸水区域的谱带，只使用剩下的 200 个谱带。该影像包括 16 个感兴趣的类别，如表 3-4 所示。图 3-8 为三波段伪彩色图像和对应的真实标签图像。

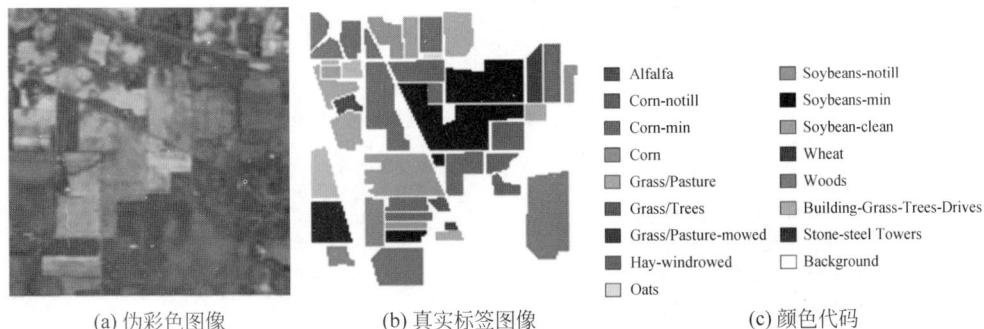

Alfalfa	Soybeans-notill
Corn-notill	Soybeans-min
Corn-min	Soybean-clean
Corn	Wheat
Grass/Pasture	Woods
Grass/Trees	Building-Grass-Trees-Drives
Grass/Pasture-mowed	Stone-steel Towers
Hay-windrowed	Background
Oats	

(a) 伪彩色图像　　(b) 真实标签图像　　(c) 颜色代码

图 3-8　Indian Pines 影像

（2）Pavia University 影像：该影像是由反射光学系统成像光谱仪（Reflective Optics System Imaging Spectrometer，ROSIS-03）光学传感器在帕维亚大学的上空获得的。其空间维度为 340px×610px，并考虑了 9 类感兴趣的对象。由于含有噪声，在进行算法评估实验时，去除了 12 个谱带，利用了其余的 103 个谱带。图 3-9 为原始图像和真标签图像。关于类别和样本的信息见表 3-5。

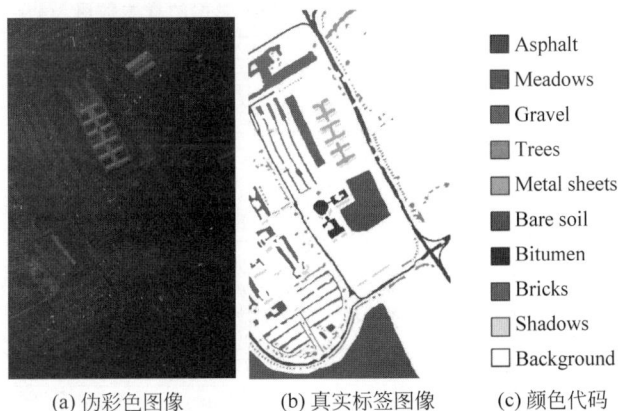

Asphalt
Meadows
Gravel
Trees
Metal sheets
Bare soil
Bitumen
Bricks
Shadows
Background

(a) 伪彩色图像　　(b) 真实标签图像　　(c) 颜色代码

图 3-9　Pavia University 影像

（3）Salinas 影像：这个影像是由 ROSIS-03 在加州西部的萨利纳斯山谷中拍摄的。其空间维度为 217px×512px，有 224 个光谱波段，考虑了 16 类感兴趣的对象。在进行算法评估实验时，去除了 20 个光谱通道后，利用了其余的 204 个光谱通道。原始图像和真实的标签图像如图 3-10 所示，表 3-4 说明了类别和样本的信息。

（4）Botswana 影像：该影像是由 EO-1 上的亥伯龙离子传感器在博茨瓦纳的奥卡万戈

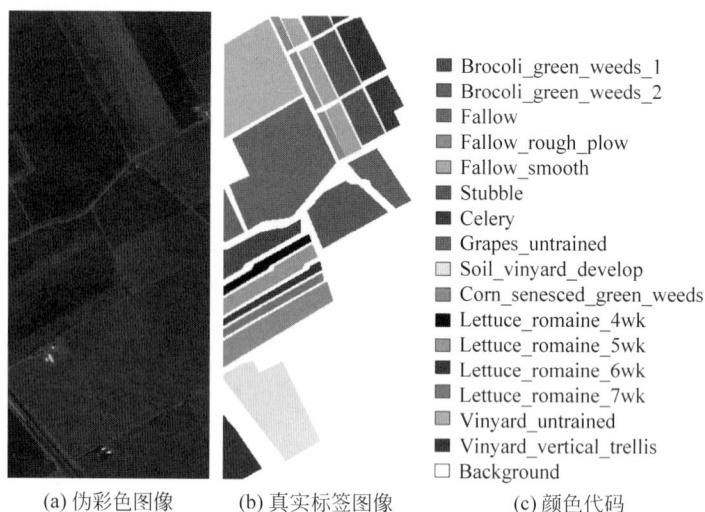

Brocoli_green_weeds_1
Brocoli_green_weeds_2
Fallow
Fallow_rough_plow
Fallow_smooth
Stubble
Celery
Grapes_untrained
Soil_vinyard_develop
Corn_senesced_green_weeds
Lettuce_romaine_4wk
Lettuce_romaine_5wk
Lettuce_romaine_6wk
Lettuce_romaine_7wk
Vinyard_untrained
Vinyard_vertical_trellis
Background

(a) 伪彩色图像　　　　(b) 真实标签图像　　　　　　(c) 颜色代码

图 3-10　Salinas 影像

三角洲上收集到的。亥伯龙传感器在 400～2500nm 范围内产生 242 个 10nm 宽的波段。在实验中,通过去除覆盖吸水特征的未校准和噪声波段,保留了 145 个波段。该影像的空间分辨率为每像素 30m,由 14 个已确定的类别的观察结果组成,这些类别代表了季节性沼泽、偶尔的沼泽和位于三角洲远端部分的干旱林地。类别和样本的信息见表 3-5。

表 3-4　Indian Pines 及 Salinas 影像的样本数目

类　别	Indian Pines		Salinas	
	名称	数目	名称	数目
1	Alfalfa	54	Brocoli_green_weeds_1	2009
2	Corn-no till	1434	Brocoli_green_weeds_2	3726
3	Corn-min till	834	Fallow	1976
4	Corn	234	Fallow_rough_plow	1394
5	Grass/pasture	497	Fallow_smooth	2678
6	Grass/trees	747	Stubble	3959
7	Grass/pasture-mowed	26	Celery	3579
8	Hay-windrowed	489	Grapes_untrained	11 271
9	Oats	20	Soil_vinyard_develop	6203
10	Soy beans-no till	968	Corn_senesced_green_weeds	3278
11	Soy beans-min till	2468	Lettuce_romaine_4wk	1068
12	Soy beans-clean till	614	Lettuce_romaine_5wk	1927
13	Wheat	212	Lettuce_romaine_6wk	916
14	Woods	1294	Lettuce_romaine_7wk	1070
15	Bldg-Grass-Tree-Drives	380	Vinyard_untrained	7268
16	Stone-steel towers	95	Vinyard_vertical_trellis	1807

（5）KSC 影像：该影像是由 AVIRIS 传感器在佛罗里达州肯尼迪航天中心的上空获得的。AVIRIS 传感器在 $400\sim2500$nm 范围内 224 个 10nm 宽的波段上采集影像。KSC 影像从大约 20km 的高度获得，空间分辨率为 18m。在进行算法评估实验时，去除吸水和低信噪比谱带后，利用了剩余的 176 条谱带进行分析。训练图像选择使用由肯尼迪航天中心和陆地卫星专题制图器（Thematic Mapper，TM）图像提供的彩色红外摄影中采取的土地覆盖图。植被分类方案是由肯尼迪航天中心工作人员开发的，旨在定义在陆地卫星和这些 AVIRIS 影像的空间分辨率上可识别的功能类型。由于某些植被类型的光谱特征相似，所以很难区分这种环境下的地物。为了分类，定义了 14 种该环境中出现的各种地物类型。具体的类别和样本的信息见表 3-5。

表 3-5　Pavia University、Botswana 及 KSC 影像的样本数目

类　别	Pavia University		Botswana	KSC
	名称	数目	数目	数目
1	Asphalt	6631	270	761
2	Meadows	18649	101	243
3	Gravel	2099	251	256
4	Trees	3064	215	252
5	Metal sheets	1345	269	161
6	Bare Soil	5029	269	229
7	Bitumen	1330	259	105
8	Bricks	3682	203	431
9	Shadows	947	314	520
10	—	—	248	404
11	—	—	305	419
12	—	—	181	503
13	—	—	268	927
14	—	—	95	—

2. 实验 1：CCS4-LSSVM 与 SS-SVM、SS-LSSVM 的比较

首先，将 CCS4-LSSVM 与 SS-SVM 和 SS-LSSVM 在 Indian Pines 影像上进行比较。在本实验中，每类随机抽取 10 个高光谱像素进行训练，其他像素进行测试。在 SS-SVM、SS-LSSVM 和 CCS4-LSSVM 中，空间窗口宽度 d 被固定为 5，权值 μ 分别设置为 0.1、0.01 和 0.001。在 CCS4-LSSVM 中，参数 σ 设置为 0.0001。SS-SVM、SS-LSSVM 和 CCS4-LSSVM 对测试图像的分类结果分别如图 3-11（c）～图 3-12（e）所示，可以看出，CCS4-LSSVM 的分类结果的同质性比 SS-SVM 和 SS-LSSVM 要好得多。

在相同的条件下，共进行了 20 组独立的实验，实验设置与上述实验相同，并报告了平均结果。3 种方法对各类的分类精度见表 3-6，对于训练时间、测试时间、稀疏比、总体精度

续表

类　别	SS-SVM	SS-LSSVM	CCS4-LSSVM
Soybeans-min/%	50.30	**51.95**	51.52
Soybean-clean/%	50.41	50.99	**67.60**
Wheats/%	96.63	96.44	**97.08**
Woods/%	85.96	86.76	**87.69**
Building-Grass-Trees-Drives/%	75.08	77.81	**84.08**
Stone-steel Towers/%	99.07	**99.30**	98.60

表 3-7　不同方法在 Indian Pines 影像上的比较

参　数	SS-SVM	SS-LSSVM	CCS4-LSSVM
OA/%	68.25	67.70	**72.39**
AA/%	79.53	79.53	**83.71**
Kappa 系数/%	0.6454	0.6403	**0.6916**
稀疏比/%	21.06	0	50
训练时间/s	70.69	**1.12**	2.86
测试时间/s	6.42	20.31	3.97

为了进一步比较 CCS4-LSSVM 与 SS-SVM、SS-LSSVM 的性能,在 Pavia University、KSC 和 Botswana 影像上研究了 3 种方法的性能。在该实验中,对每个实验影像,分别每类随机选取 5、8、10、15、20、30、40、50、70 和 100 个高光谱像素进行训练,其他像素用于进行测试。在 SS-SVM、SS-LSSVM 和 CCS4-LSSVM 中,空间窗口宽度 d 分别设置为 3、5、7、9,权值 μ 分别设置为 0、0.001、0.01、0.1。在 CCS4-LSSVM 中,参数 σ 分别设置为 0.01、0.001、0.0001、0.00001。使用在这些方法中可以获得最佳结果的参数值。在相同的条件下独立进行了 20 次实验,并给出了平均结果。用不同方法对 Pavia University 影像、KSC 影像和 Botswana 影像进行预测得到的 OA 如图 3-12(a)～图 3-12(c)。横轴表示训练像素的数目,

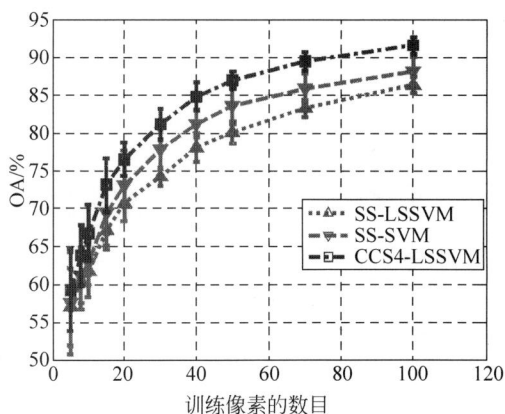

(a) Pavia University

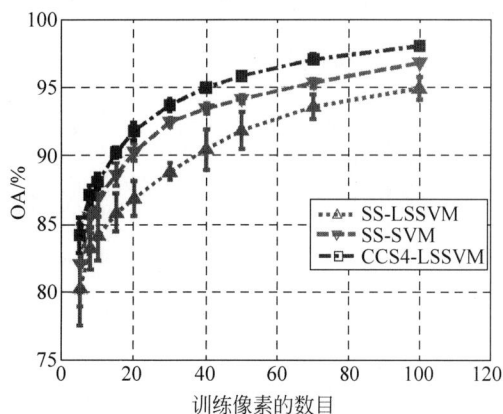

(b) KSC

图 3-12　具有不同数目训练样本的 CCS4-LSSVM 的性能

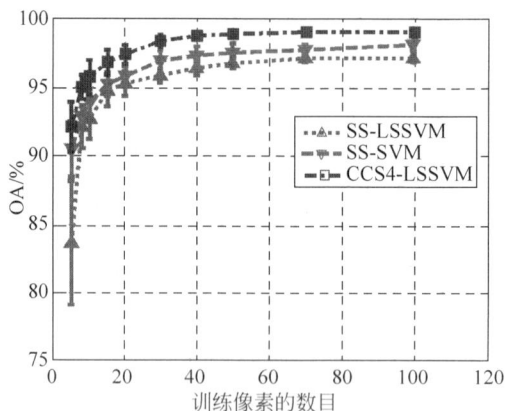

(c) Botswana

图 3-12 （续）

纵轴为 OA。结果表明，在相同的训练像素下，CCS4-LSSVM 的泛化性能明显优于 SS-SVM 和 SS-LSSVM。这表明，由耦合压缩感知得到的稀疏拓扑可以提高 HIC 的分类精度。

3. 实验 2：不同空间信息获取方式的比较

该实验在 Salinas 影像上研究了基于边缘图的自适应局部空间同质性（Edge-map Aided adaptively local Spatial Homogeneity，EASH）假设和空间同质性（Spatial Homogeneity，SH）假设两种方式所获取的空间信息的影响，比较了不同空间信息采集方法下的 SS-SVM、SS-LSSVM 和 CCS4-LSSVM 的性能。实验设置与实验 1 相同。对于每种分类方法，两种空间信息采集方法采用相同的参数设置。在相同的条件下独立进行了 20 次实验，并给出了平均结果。这 3 种分类方法所得的 OA 分别如图 3-13(a)～图 3-13(c)所示。横轴表示训练像素的数目，纵轴表示 OA。结果表明，对于每种分类方法，根据提出的 EASH 假设获取空间信息比根据 SH 假设获取都有更高的分类精度。这是因为自适应空间信息采集方法可以避免噪声像素的影响。

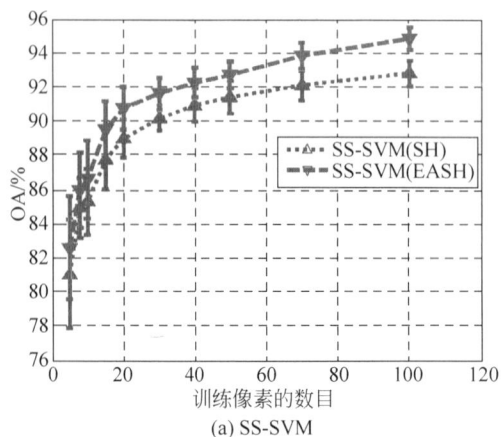

(a) SS-SVM

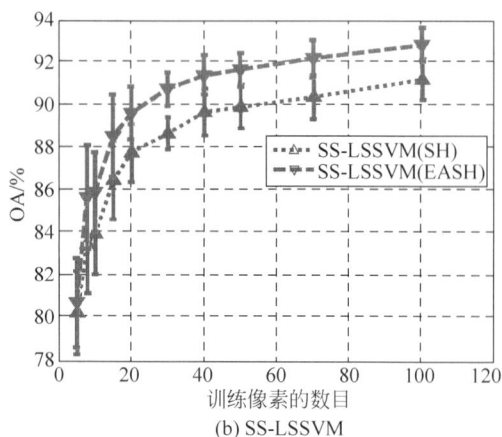

(b) SS-LSSVM

图 3-13　不同空间信息获取方式在 Salinas 影像上的 OA

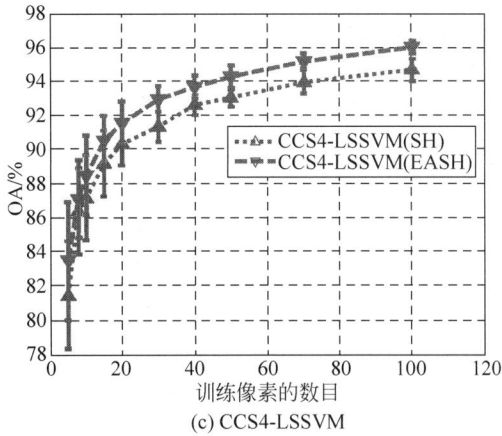

(c) CCS4-LSSVM

图 3-13　（续）

　　为了清楚地展示两种空间信息采集方法对 Salinas 影像分类结果的影响，每类随机选取10 个像素进行训练，其余像素进行测试。地面实况和测试像素如图 3-14（a）～图 3-14（b）所示。在 SS-SVM、SS-LSSVM 和 CCS4-LSSVM 中，空间窗口的宽度 d 和权重 μ 分别固定为5 和 0.01。CCS4-LSSVM 中的参数 σ 被设置为 0.00001。使用根据 SH 和 EASH 获取空间信息的 SS-SVM 的分类结果如图 3-14（c）～图 3-14（d）所示，SS-LSSVM 和 CCS4-LSSVM 对应的分类结果分别如图 3-14（e）～图 3-14（f）和图 3-14（g）～图 3-14（h）所示。从结果可以看出，对每种分类方法，使用 EASH 获得的空间信息，其分类结果的同质性比 SH好得多。

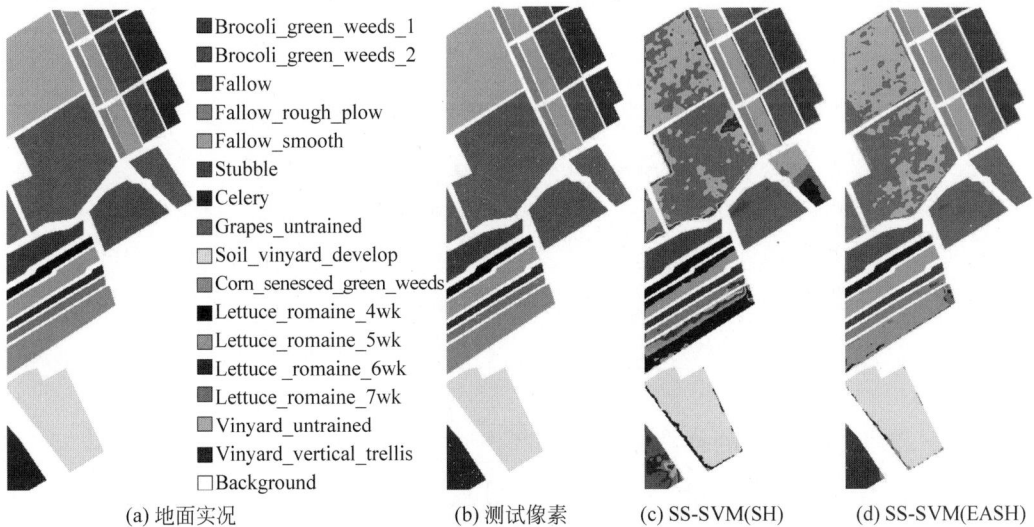

图 3-14　不同空间信息获取方式在 Salinas 影像上的分类结果

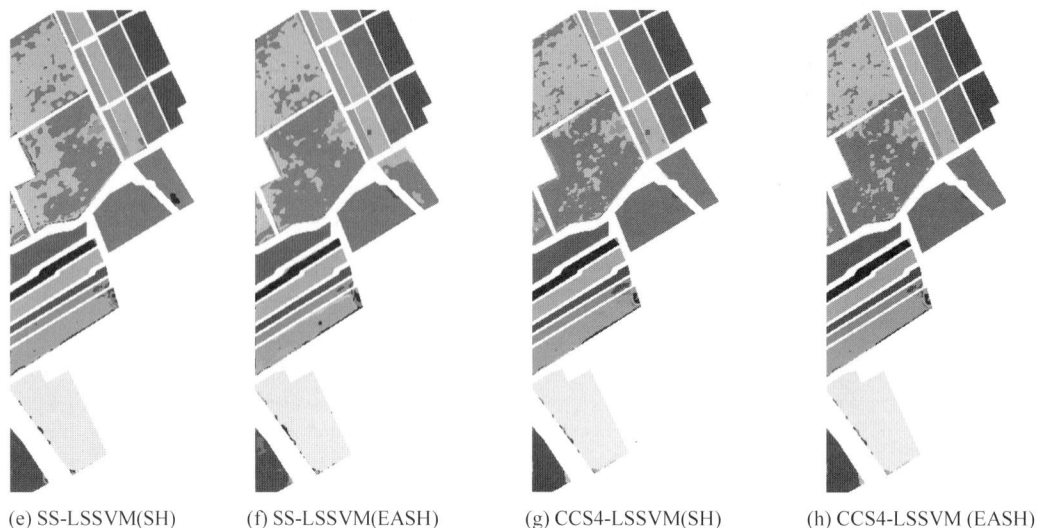

(e) SS-LSSVM(SH)　　(f) SS-LSSVM(EASH)　　(g) CCS4-LSSVM(SH)　　(h) CCS4-LSSVM (EASH)

图 3-14 （续）

4. 实验 3：σ 和 μ 变化时 CCS4-LSSVM 的性能

在本实验中，分别研究了所提出的 CCS4-LSSVM 随参数 σ 和权重 μ 变化时的性能。每类随机选择 10 个像素作为训练像素，其余像素进行测试。权重 μ 选自 $\{0, 0.001, 0.01, 0.1, 1\}$，参数 σ 分别设置为 0.01、0.001、0.0001、0.00001。在相同的条件下进行了 20 组独立的实验，并报告如图 3-15 所示的平均结果，其中，横轴表示权重 μ，纵轴为 OA(%)。

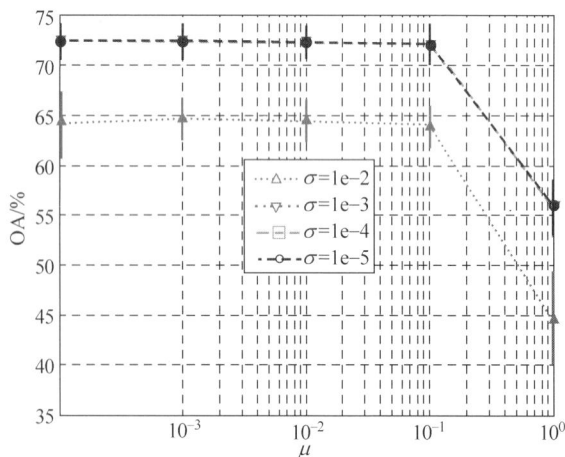

图 3-15　σ 和 μ 变化时 CCS4-LSSVM 的性能

从图 3-15 可以看出，当 $\sigma = 1 \times 10^{-3}$ 时，CCS4-LSSVM 可以达到最高的分类精度，其次是 $\sigma = 1 \times 10^{-4}$、$\sigma = 1 \times 10^{-5}$ 和 $\sigma = 1 \times 10^{-2}$。原因可能是当 σ 太小时，太大的观测矩阵 $\boldsymbol{\Phi}$

使约束不够欠定,从而解的范围太窄,所以不能寻求好的解,通过压缩学习训练的 CCS4-LSSVM 的分类性能不佳。当 σ 太大时,观测矩阵 $\boldsymbol{\Phi}$ 的尺寸太小,因此 $\boldsymbol{\Phi}$ 与字典矩阵 $\boldsymbol{\Psi}$ 的相干性不够低,无法恢复好的解,所提出的方法此时也表现不佳。另外,当 μ 从 0 增加到 1 时,CCS4-LSSVM 的分类精度先增后降。原因可能是,当 μ 太大或太小时,CCS4-LSSVM 过于单独强调光谱信息或空间信息。此外,仅具有空间信息的 CCS4-LSSVM 的性能明显优于仅用光谱信息的,这验证了空间信息在 HIC 中是非常有用的。

3.3 本章小结

本章基于最近发展的压缩感知理论,将确定 LS-SVM 中稀疏拓扑的目标简化为寻找一组线性方程的稀疏解,从而提出了两种稀疏 LS-SVM 模型:一种是用(耦合)压缩修剪这种一步式剪枝算法获得的 CCP-LSSVM 模型;另一种是基于耦合压缩感知的 CCS4-LSSVM。通过一些模式识别、函数逼近和真实 HIC 的实验,表明了这两种方法的可行性、有效性和优越性。

参考文献

[1] Vapnik V. The nature of statistical learning theory[M]. Springer-Verlag. 1995.

[2] CCortes C, Vapnik V. Support-vector networks[J]. Machine Learning, 1995, 20(3): 273-297.

[3] Osuna E, R. Freund R, Girosi F. An improved training algorithm for support vector machines[C]. Proceedings of the 1997 IEEE Workshop on Neural Networks for Signal Processing, Amelia Island, America, 1997: 276-285.

[4] Burges C J C. A tutorial on support vector machines for pattern recognition[J]. Data Mining and Knowledge Discovery, 1998, 2(2): 121-167.

[5] Osuna E, Freund R, Girosit F, et al. Training support vector machines: an application to face detection [C]. IEEE Conference on Computer Vision and Pattern Recognition, San Juan, Puerto Rico, 1997: 130-136.

[6] Joachims T. Text categorization with support vector machines: learning with many relevant features [C]. Proceedings of ECML-98, 10th European Conference on Machine Learning, Chemnitz, Germany, 1998, 1398: 137-142.

[7] Chapelle O, Haffner P, Vapnik V. Support vector machines for histogram based image classification [J]. IEEE Transactions on Neural Networks, 1999, 10(5): 1055-1064.

[8] Guyon I, Weston J, Barnhill S, et al. Gene selection for cancer classification using support vector machines[J]. Machine Learning, 2002, 46(1-3): 389-422.

[9] Smola A J, Schölkopf B. A tutorial on support vector regression[J]. Statistics and Computing, 2004, 14(3): 199-222.

[10] Suykens J A K, Vandewalle J. Least squares support vector machine classifiers[J]. Neural Processing Letters, 1999, 9(3): 293-300.

[11] Gestel T V, Suykens J A K, Baestaens D E, et al. Finacial time series prediction using least squares

support vector machines within the evidence framework[J]. IEEE Transactions on Neural Networks, 2001,12(4): 809-821.

[12] Li Y C,Fang T J,Yu E K. Short-term electrical load forecasting using least squares support vector machines[C]. 2002 International Conference on Power System Technology Proceedings,2002, Kunming,China,1: 230-233.

[13] Fonseca E S,Guido R C,Scalassara P R,et al. Wavelet time-frequency analysis and least squares support vector machines for the identification of voice disorders[J]. Computers in Biology and Medicine,2007,37(4): 571-578.

[14] Übeyli E D. Least squares support vector machine employing model-based methods coefficients for analysis of EEG signals[J]. Expert Systems with Applications,2010,37(1): 233-239.

[15] Suykens J A K,Lukas L,Vandewalle J. Sparse least squares support vector machine classifiers[C]. Proceedings of European Symposium of Artificial Neural Networks 2000,Bruges,Belgium,2000: 37-42.

[16] Suykens J A K, Lukas L, Vandewalle J. Sparse approximation using least squares support vector machines[C]. IEEE International Symposium on Circuits and Systems 2000, Geneva, Switzerland, 2000,2: 757-760.

[17] Li Y C,Lin C,Zhang W D. Improved sparse least-squares support vector machine[J]. Neurocomputing, 2006,69(13): 1655-1658.

[18] De Kruif B J,De Vries T J. Pruning error minimization in least squares support vector machines[J]. IEEE Transactions on Neural Networks,2003,14(3): 696-702.

[19] Kuh A,De Wilde P. Comments on "pruning error minimization in least squares support vector machines"[J]. IEEE Transactions on Neural Networks,2007,18(2): 606-609.

[20] Yang J,Bouzerdoum A,Phung A L. A training algorithm for sparse LS-SVM using compressive sampling[C]. 2010 IEEE International Conference on Acoustics Speech and Signal Processing, Dallas,TX,2010: 2054-2057.

[21] Donoho D L. Compressed sensing[J]. IEEE Transactions on Information Theory,2006,52(4): 1289-1306.

[22] Candès E J,Wakin M B. An introduction to compressive sampling[J]. IEEE Signal Processing Magazine,2008,25(2): 21-30.

[23] Tropp J A,Anna C G. Signal recovery from random measurements via orthogonal matching pursuit [J]. IEEE Transactions on Information Theory,2007,53(12): 4655-4666.

[24] Mallat S,Zhang Z. Matching pursuits with time frequency dictionaries[J]. IEEE Transactions on Signal Processing,1993,41(12): 3397-3415.

[25] Elad M. Sparse and redundant representations: from theory to applications in signal and image processing[M]. Springer. 2010.

[26] Gorodnitsky I F,Rao B D. Sparse signal reconstruction from limited data using FOCUSS: a re-weighted norm minimization algorithm[J]. IEEE Transactions on Signal Processing,1997,45(3): 600-616.

[27] Tibshirani R. Regression shrinkage and selection via the Lasso[J]. Journal of the Royal Statistical Society,Series B,1996,58(1): 267-288.

[28] Chen S S,Donoho D L,M. A. Saunders. Atomic decomposition by basis pursuit[J]. Society for Industrial and Applied Mathematics Review,2001,43(1): 129-159.

[29] Li G,Zhu Z H,Yang D H. On projection matrix optimization for compressive sensing systems[J].

IEEE Transactions on Signal Processing,2013,61(11): 2887-2898.

[30] Gestel T V,Suykens J A K. Benchmarking least squares support vector machine Classifiers[J]. Machine Learning,2004,54(1): 5-32.

[31] Lang K,Witbrock M. Learning to tell two spirals apart[C]. Proceedings of 1988 Connectionist Models Summer School,Morgan Kaufmann,Germany,1988: 52-59.

[32] Schniter P,Potter L C,Ziniel J. Fast bayesian matching pursuit[C]. Information Theory and Applications Workshop 2008,San Diego,Canada,2008: 326-333.

[33] Hoegaerts L,Suykens J A K,Vandewalle J,et al. A comparison of pruning algorithms for sparse least squares support vector machines[J]. Lecture Notes in Computer Science,2004,3316: 1247-1253.

[34] Baudat G,Anouar F. Kernel based methods and function approximation[C]. Proceedings of International Joint Conference on Neural Networks 2001,Washington,America,2001(2): 1244-1249.

[35] Melgani F,Bruzzone L. Classification of hyperspectral remote sensing images with support vector machines[J]. IEEE Transaction on Geoscience and Remote Sensing,2004,42(8): 1778-1790.

[36] Cristianini N,Taylor J S. An introduction to support vector machines[M]. London,U. K. : Cambridge University Press,2000.

[37] Camps-Valls G,Gomez-Chova L,Calpe-Maravilla J. Robust support vector method for hyperspectral data classification and knowledge discovery[J]. IEEE Transaction on Geoscience and Remote Sensing,2004,42(7): 1530-1542.

[38] Xiong T,Bao Y,Hu Z. Multiple-output support vector regression with a firefly algorithm for interval-valued stock price index forecasting[J]. Knowledge-Based Systems,2014,55: 87-100.

[39] Bao Y,Xiong T,Hu Z. Multi-step-ahead time series prediction using multiple-output support vector regression[J]. Neurocomputing,2014,129: 482-493.

[40] Yang X,Zhang G,Lu J,et al. A kernel fuzzy c-means clustering-based fuzzy support vector machine algorithm for classification problems with outliers or noises[J]. IEEE Transactions on Fuzzy Systems,2011,19(1): 105-115.

[41] Hsu C W,Chang C C,Lin C J. A practical guide to support vector classification[OL]. Available at http://www. csie. ntu. edu. tw/~cjlin/libsvm/.

[42] Moore G,Bergeron C,Bennett K P. Model selection for primal SVM[J]. Machine Learning,2011, 85(1-2): 175-208.

[43] Li S,Tan M. Tuning SVM parameters by using a hybrid CLPSO-BFGS algorithm[J]. Neurocomputing, 2010,73(10-12): 2089-2096.

[44] Bao Y,Hu Z,Xiong T. A PSO and pattern search based memetic algorithm for SVMs parameters optimization[J]. Neurocomputing,2013,117: 98-106.

[45] Hu Z,Bao Y,Xiong T. Electricity load forecasting using support vector regression with memetic algorithms[J]. Scientific World Journal,2013,2013: 1-10(article ID 292575).

[46] Plaza J,Plaza A J,Barra C. Multi-channel morphological profiles for classification of hyperspectral images using support vector machines[J]. Sensors (Basel),2009,9(1): 196-218.

[47] Li C H,Kuo B C,Lin C T,et al. A spatial-contextual support vector machine for remotely sensed image classification[J]. IEEE Transaction on Geoscience and Remote Sensing,2012,50(3): 784-799.

[48] Wang L G,Deng L Q,Lei M. Hyperspectral imagery classification aiming at protecting classes of interest[C]. 2009 WRI World Congress on Computer Science and Information Engineering,Los Angeles,CA,USA,2009: 144-147.

[49] Wu L, Feng Q, Zhang K. Classification of remote sensing image using improved LS-SVM[C]. 2012 Symposium on Photonics and Optoelectronics, Shanghai, China, 2012: 1-4.

[50] Zhang J J, Li K, Irwin G W, et al. A regression approach to LS-SVM and sparse realization based on fast subset selection [C]. Proceedings of the 10th World Congress on Intelligent Control and Automation, Beijing, China, 2012: 612-617.

[51] Camps-Valls G, Gómez-Chova L, Muñoz-Marí J, et al. Composite kernels for hyperspectral image classification[J]. IEEE Geoscience and Remote Sensing Letters, 2006, 3(1): 1-5.

[52] Chen Y, Nasrabadi N M, Tran T D. Hyperspectral image classification using dictionary-based sparse representation[J]. IEEE Transactions on Geoscience and Remote Sensing, 2011, 49(10): 3973-3985.

[53] Cotter S F. Sparse solution to linear inverse problems with multiple measurement vectors[J]. IEEE Transactions on Signal Processing, 2005, 53(7): 2477-2488.

[54] Ersahin K, Cumming I G, Ward R K. Segmentation of polarimetric SAR data using contour information via spectral graph patritioning[C]. IEEE International Geoscience and Remote Sensing Symposium 2007, Barcelona, Spain, 2007: 2240-2243.

[55] Berg E V D, Friedlander M P. Theoretical and empirical results for recovery from multiple measurements [J]. IEEE Transactions on Information Theory, 2010, 56(5): 2516-2527.

[56] Abolghasemi V, Ferdowsi S, Makkiabadi B, et al. On optimization of the measurement matrix for compressive sensing[C]. 18th European Signal Processing Conference, Aalborg, Denmark, 2010: 427-431.

[57] Jolliffe I. Principal component analysis[M]. New York: Wiley Online Library, 2002.

[58] Richards J A, Jia X. Remote sensing digital image analysis: an introduction[M]. 4th ed. New York: Springer-Verlag, 2006.

第 4 章

基于 LapSVM 的高光谱影像分类

虽然第 3 章介绍的稀疏 LS-SVM 可以获得比其他监督方法更精确的分类结果,但其分类精度仍然取决于标记像素中所包含的信息。然而,由于标记成本高,HIC 问题中可用的标记像素非常有限。为了进一步提高 HIC 问题的分类精度,一种直接而合理的方法是通过结合包含在丰富的未标记像素中的信息来开发稀疏 LS-SVM 的半监督扩展。

4.1 基于空谱 LapSVM 的高光谱影像分类

4.1.1 引言

高光谱数据具有较高的光谱分辨率,能够区分同类数据,因此 HIC 近年来得到了越来越多的关注。目前,包括无监督分类[1]和有监督分类[2-3]方法在内的许多机器学习技术已被用于 HIC。大多数可用的有监督方法都是判别式模型[3],因为生成式模型[2]规定了过于严格的假设,而真实的高光谱数据不遵循这种假设。由于光谱波段数很大,需要大量训练样本来设计一个精确、稳健的判别式模型。然而,由于标记成本高,标记数据的数量较少,这导致了训练样本过拟合的风险。

上述问题可以通过半监督学习(Semi-Supervised Learning,SSL)[4]来缓解,它利用了丰富的未标记样本中包含的信息,这些样本不需要大量的成本就能获得。在 HIC 中使用了一些半监督方法,它们可被分为以下 3 种。

(1)生成模型,如多项逻辑回归[5]。

(2)低密度分离算法,如直推式 SVM[6]。

(3)基于图的方法[7]。

然而,当它们应用于 HIC 时,也存在一些局限性。例如,生成模型的假设过于严格,低密度分离算法中的简化优化问题往往是非凸的,因此很难在大量的未标记样本上求解。基于图的方法通常计算成本很高。

拉普拉斯支持向量机(Laplacian Support Vector Machine,LapSVM)是 SVM 的半监督

扩展,它通过使用图拉普拉斯对已标记数据和未标记数据的几何形状引入了一个额外的正则化器[8]。该方法遵循了一个非迭代的优化程序,并提供了样本外的预测。LapSVM 被应用于城市监测和云筛选等具有挑战性的遥感影像分类问题[9]。所得结果表明了 LapSVM 在多光谱影像分类中的潜力。Kim 和 Crawford 指出 LapSVM 可以用于 HIC,但消耗时间和分类精度都不令人满意[10]。

另外,可以观察到相邻的样本很可能属于同一类,即被标记的图像存在一定的空间同质性,这有利于对高光谱影像的分类。因此,将空间信息纳入分类可以提高分类精度[11-12]。这里提出了一种新的空谱 LapSVM(Spatio-Spectral LapSVM,SS-LapSVM)。利用谱向量上的聚类假设来建立一个流形正则器。此外,通过图拉普拉斯矩阵对已标记样本和未标记样本的空间排列引入一个额外的正则项,可以利用高光谱数据的空间信息。SS-LapSVM 通过将空间信息和光谱信息结合在一起,避免了原始 LapSVM 的斑状误分类。我们提出了一种非迭代优化方法来求解这种双正则化的 SVM,使快速分类成为可能。

与现有的 HIC 方法相比,所提出的 SS-LapSVM 具有以下特点。

(1) 对样本标签预测进行邻域空间约束,避免了高光谱影像的斑状误分类;

(2) 采用光谱向量的聚类假设建立流形正则,以同时利用标记样本和未标记样本,实现少数标记样本下的精确分类;

(3) 提出一种非迭代优化算法来解决这一双正则化问题,使快速分类成为可能。

本节后续会在真实高光谱数据集上的进行实验,对提出的 SS-LapSVM 方法和 SVM 方法及 LapSVM 方法进行比较,结果表明,SS-LapSVM 不仅能用少量的标记数据实现快速精确 HIC,而且优于先进的半监督方法。

4.1.2　基于空谱 LapSVM 的高光谱影像分类

记 $\boldsymbol{x} = [x_1, x_2, \cdots, x_d]^{\mathrm{T}} \in \Re^{d \times 1}$ 为一个高光谱像素对应的光谱向量,HIC 的目的是将光谱向量矩阵 $\boldsymbol{X} = [\boldsymbol{x}_1, \boldsymbol{x}_2, \cdots, \boldsymbol{x}_N]$ 划分为 C 个子矩阵,每个子矩阵中的所有像素都具有相同的类标签。推断 $\boldsymbol{X}$ 中光谱向量的标签可以看作一项分类任务。在半监督框架下,假设训练像素集 $\boldsymbol{X}$ 是由具有标签向量 $\boldsymbol{y}_l = \{y_i \in \{1, 2, \cdots, C\}\}_{i=1}^{l}$ 的标记像素集 $\boldsymbol{X}_l = \{\boldsymbol{x}_i\}_{i=1}^{l}$ 和未标记像素集 $\boldsymbol{X}_u = \{\boldsymbol{x}_i\}_{i=l+1}^{l+u}$ $(u = N - l)$ 构成的。判别式半监督 HIC 的目标是利用 $\boldsymbol{X}$ 中包含的信息学习一个函数,来预测未标记像素的标签。

LapSVM 是 SVM 的一个扩展,它在有标记样本和未标记样本的几何结构上引入了一个图的拉普拉斯正则项。在 Tikhonov 的工作[13]基础之上,许多正则化算法被提出来控制分类器[14]的复杂性。正则化框架最近被扩展到半监督框架[8],其中 LapSVM 中的正则化最小化泛函被定义为

$$f^* = \arg\min_{f \in \mathcal{H}} \frac{1}{l} \sum_{i=1}^{l} V(\boldsymbol{x}_i, y_i, \boldsymbol{f}) + \gamma_A \parallel \boldsymbol{f} \parallel_K^2 + \gamma_I \parallel \boldsymbol{f} \parallel_M^2 \qquad (4\text{-}1)$$

f 是由所选的分类器执行的决策函数，$y_i \in \{-1,1\}$ 是标签，V 是损失函数，γ_A 控制相关 RKHS $\mathcal{H}$ 中函数 f 的复杂性，γ_I 控制边际分布的内在几何结构中函数的复杂性。

众所周知，高光谱影像既符合光谱一致性，又符合空间一致性。将空间信息纳入高光谱影像的分类过程中，可以提高分类精度。在所提出的 SS-LapSVM 中，利用光谱向量上的聚类假设来建立一个流形正则项。对于影像中的每个高光谱向量 x_i（包括标记和未标记的高光谱向量），定义了一个光谱相似矩阵 W_1，W_1 的第 (i,j) 个元素的形式为

$$w_{ij}^1 = \begin{cases} \mathrm{e}^{\frac{-\|x_i - x_j\|^2}{4t_1}}, & x_i \in \mathrm{NB}_1(x_j) \text{ 或} x_j \in \mathrm{NB}_1(x_i) \\ 0, & \text{其他} \end{cases} \tag{4-2}$$

其中，$\mathrm{NB}_1(x_i)$ 是由光谱值的欧氏距离得到的 x_i 的 k 个最近邻的集合。

此外，我们设计了一个高光谱影像的空间邻域约束来构造空间正则项，该方法的要求之一是标记像素必须属于要分类的影像。对于影像中的每个高光谱向量 x_i，其空间邻域定义为以 x_i 为中心的小窗中的像素集。图 4-1 表示 x_i（黑色）及其 5×5 个空间最近邻（灰色）。

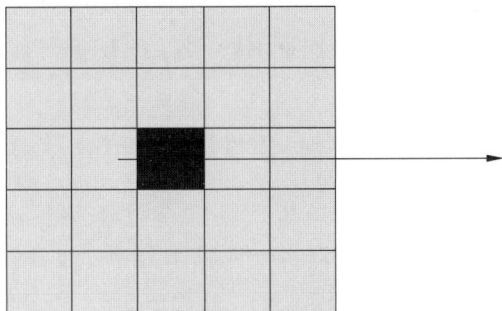

图 4-1　像素 x_i 及其空间邻域图

空间近邻之间的关系可以分为两组：

（1）像素属于同一类别；

（2）像素属于不同的类别。

为了更好地对高光谱像素进行分类，期望空间平滑性在空间近邻属于同一类时有效，而在空间近邻属于不同类时无效。因此，根据像素光谱之间的欧氏距离定义了空间相似矩阵 W_2，W_2 的第 (i,j) 个元素的形式为

$$w_{ij}^2 = \begin{cases} \mathrm{e}^{\frac{-\|x_i - x_j\|^2}{4t_2}}, & x_i \in \mathrm{NB}_2(x_j) \text{ 或} x_j \in \mathrm{NB}_2(x_i) \\ 0, & \text{其他} \end{cases} \tag{4-3}$$

其中，$\text{NB}_2(\boldsymbol{x}_i)$ 是 $\boldsymbol{x}_i$ 的空间邻域；t_2 是高斯函数的宽度。如果空间近邻谱相似，那么它们会被强制相似。如果空间近邻谱不同，那么它们就不会被迫保持相似，因此边界上的像素可以得到更好的分类。定义 $\boldsymbol{L}_1 = \boldsymbol{D}_1 - \boldsymbol{W}_1, \boldsymbol{L}_2 = \boldsymbol{D}_2 - \boldsymbol{W}_2$ 为图拉普拉斯矩阵，其中，$\boldsymbol{D}_1$、$\boldsymbol{D}_2$ 是每个顶点度的对角矩阵$\left(\text{即元素 } d_{ii}^1 = \sum_{j=1}^N w_{ij}^1, d_{ii}^2 = \sum_{j=1}^N w_{ij}^2\right)$。拉普拉斯矩阵可以用归一化形式表示为 $\boldsymbol{L}_1 = \boldsymbol{D}_1^{-\frac{1}{2}} \boldsymbol{L}_1 \boldsymbol{D}_1^{-\frac{1}{2}}, \boldsymbol{L}_2 = \boldsymbol{D}_2^{-\frac{1}{2}} \boldsymbol{L}_2 \boldsymbol{D}_2^{-\frac{1}{2}}$。

通过结合谱向量的聚类假设和高光谱像素的空间平滑假设，光谱正则项和空间正则项分别被表述为

$$\| \boldsymbol{f} \|_M^1 = \sum_{i,j=1}^N w_{ij}^1 (f(\boldsymbol{x}_i) - f(\boldsymbol{x}_j))^2 = \boldsymbol{f}^{\mathrm{T}} \boldsymbol{L}_1 \boldsymbol{f}$$

$$\| \boldsymbol{f} \|_M^2 = \sum_{i,j=1}^N w_{ij}^2 (f(\boldsymbol{x}_i) - f(\boldsymbol{x}_j))^2 = \boldsymbol{f}^{\mathrm{T}} \boldsymbol{L}_2 \boldsymbol{f}$$

因此可以构建一个包含两个正则算子的谱拉普拉斯支持向量机（Spatio-Spectral Laplacian Support Vector Machine，SS-LapSVM）模型，

$$\begin{aligned}
\boldsymbol{f}^* &= \arg\min_{f \in \mathcal{H}} \frac{1}{l} \sum_{i=1}^l V(\boldsymbol{x}_i, y_i, \boldsymbol{f}) + \gamma_A \boldsymbol{a}^{\mathrm{T}} \boldsymbol{K} \boldsymbol{a} + \gamma_I \mu \boldsymbol{f}^{\mathrm{T}} \boldsymbol{L}_1 \boldsymbol{f} + \gamma_I (1-\mu) \boldsymbol{f}^{\mathrm{T}} \boldsymbol{L}_2 \boldsymbol{f} \\
&= \arg\min_{f \in \mathcal{H}} \frac{1}{l} \sum_{i=1}^l \max[0, 1 - y_i f(\boldsymbol{x}_i)] + \gamma_A \boldsymbol{a}^{\mathrm{T}} \boldsymbol{K} \boldsymbol{a} + \gamma_I \boldsymbol{f}^{\mathrm{T}} [\mu \boldsymbol{L}_1 + (1-\mu) \boldsymbol{L}_2] \boldsymbol{f}
\end{aligned}$$

$$(4\text{-}4)$$

其中，μ 平衡了光谱假设和空间假设。SS-LapSVM 通过将空间信息和光谱信息结合起来，可以显著避免高光谱影像的斑状误分类。

根据表示定理，式(4-1)的解存在于 $\mathcal{H}$ 中，且可以表示为[13]

$$\boldsymbol{f}^*(\boldsymbol{x}) = \sum_{i=1}^N a_i K(\boldsymbol{x}_i, \boldsymbol{x}) + b$$

所以这个问题可以用原始的形式进行优化[15]。记 $\boldsymbol{k}_i$ 为矩阵 $\boldsymbol{K}$ 的第 i 列，$\boldsymbol{1}$ 是 N 个元素等于 1 的列向量，用 $\boldsymbol{L}$ 代替 $\mu \boldsymbol{L}_1 + (1-\mu) \boldsymbol{L}_2$，式(4-4)的原始问题可以被写为

$$\min_{\boldsymbol{a} \in \mathfrak{R}^m, b \in \mathfrak{R}} \frac{1}{2} \left(\frac{1}{l} \sum_{i=1}^l \max[0, 1 - y_i (\boldsymbol{k}_i^{\mathrm{T}} \boldsymbol{a} + b)] \right)^2 + \gamma_A \boldsymbol{a}^{\mathrm{T}} \boldsymbol{K} \boldsymbol{a} + \gamma_I (\boldsymbol{K}\boldsymbol{a} + \boldsymbol{1}b)^{\mathrm{T}} \boldsymbol{L} (\boldsymbol{K}\boldsymbol{a} + \boldsymbol{1}b)$$

$$(4\text{-}5)$$

其中，平方铰链损失使对偶正则化 SVM 问题在 $\boldsymbol{f}$ 和 $\boldsymbol{a}$ 连续可微[16]。这个凸问题可以用预条件共轭梯度(Pre-conditioned Conjugate Gradient，PCG)算法来解决，该算法详见文献[15]。

在算法 4-1 中描述了基于 SSLapSVM 的 HIC 的操作过程。

算法 4-1：基于 SSLapSVM 的 HIC

输入：一幅具有 l 个标记高光谱向量 $\{(\boldsymbol{x}_i,y_i),i=1,2,\cdots,l\}$ 和 u 个未标记高光谱向量 $\{\boldsymbol{x}_i,i=l+1,$ $l+2,\cdots,N\}$ 的高光谱影像 $\boldsymbol{I}$，参数 γ_A、γ_I 和 μ。

输出：高光谱影像 $\boldsymbol{I}$ 的标记。

1：分别使用式(4-2)和式(4-3)中定义的连接权值 w_{ij}^1 和 w_{ij}^2 计算光谱相似矩阵和空间相似矩阵 $\boldsymbol{W}_1$ 和 $\boldsymbol{W}_2$；

2：使用 $\boldsymbol{W}_1$ 和 $\boldsymbol{W}_2$ 构造拉普拉斯矩阵 $\boldsymbol{L}_1=\boldsymbol{D}_1-\boldsymbol{W}_1$，$\boldsymbol{L}_2=\boldsymbol{D}_2-\boldsymbol{W}_2$，其中，$\boldsymbol{D}_1$、$\boldsymbol{D}_2$ 分别是由

$$d_{ii}^1 = \sum_{j=1}^N w_{ij}^1, \quad d_{ii}^2 = \sum_{j=1}^N w_{ij}^2$$

给出的对角矩阵；

3：选择一个核函数 $K(x,y)$，并计算克兰姆矩阵

$$\boldsymbol{K} = (k_{ij}) = (K(x_i,x_j)), \quad i,j=1,2,\cdots,N$$

4：使用 PCG 算法计算 $\boldsymbol{a}^*$ 和 b；

5：从

$$\text{sign}\left(\sum_{i=1}^N a_i^* K(x_i,x_j)+b\right), \quad j=l+1,l+2,\cdots,N$$

中预测未标记像素的标签。

4.1.3 实验结果与分析

本节将研究提出的 SS-LapSVM 在 Indian Pines 影像上的性能，并与 SVM 方法和 LapSVM 方法等相关方法的性能进行了比较。

针对不同算法的所有仿真都在 MATLAB 7.10.0(R2010a)环境下进行(其中运行主机的主要指标包括四核处理器 Core2Quad、2.99GHz CPU、1.95GB RAM)。LapSVM 和 SVM 算法所使用的代码来自 http://www.dii.unisi.it/~melacci/lapsvmp。

对于 LapSVM 和 SS-LapSVM，谱最近邻数 k 设置为 10，对于 SS-LapSVM，权值 μ 和空间邻域宽度 d 分别设置为 0.01 和 5。在 SSLapSVM、LapSVM 和 SVM 中，通过在 $[10^{-5},10^5]$ 范围内进行 5 折交叉验证调整正则参数。采用一对一的策略来解决多类问题。这 3 种方法同时使用了线性核和 RBF 核，RBF 核中的宽度参数通过从 $[2^{-15},2^{15}]$ 范围内 5 折交叉验证进行调整，最后报告了这两个核之间较好的结果。

1. 实验 1：与 SVM 和 LapSVM 的比较

在本实验中，所有的高光谱像素被随机分成两部分：一部分包含 40% 的样本，用于训练；另一部分用于测试。在训练集中，每类标记 7 个样本，如图 4-2(b)所示。

SVM、LapSVM 和 SSLapSVM 在未标记数据和测试数据集上的分类结果分别如图 4-2(c)~图 4-2(e)所示。可以看到，在同质区域 SS-LapSVM 能比 LapSVM 更好地判别高光谱像素，如 Soybeans-min 类和 Corn-min 类。从图 4-2(d)和图 4-2(e)中可以看出，通过将空间信

息和光谱信息结合在一起,SS-LapSVM 可以避免对原始 LapSVM 的斑状误分类。然而,SS-LapSVM 容易对位于类边界附近的像素误分类。

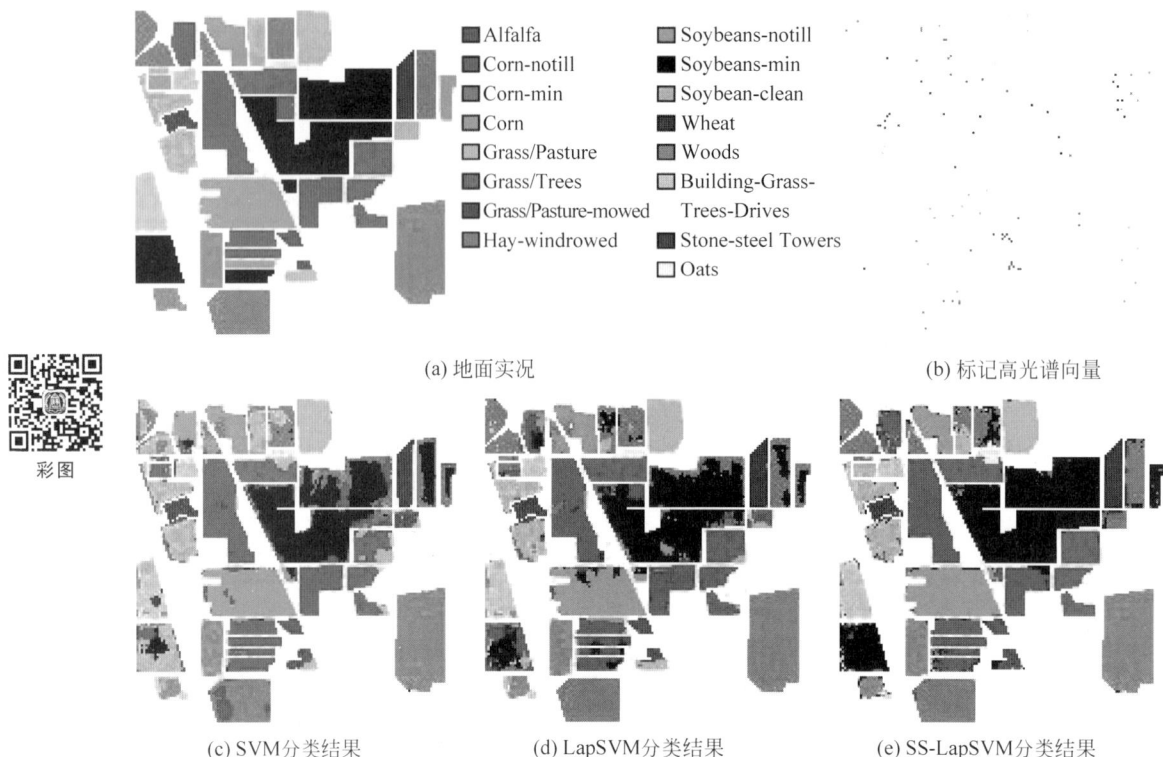

(a) 地面实况

(b) 标记高光谱向量

(c) SVM分类结果

(d) LapSVM分类结果

(e) SS-LapSVM分类结果

图 4-2 SVM、LapSVM 和 SS-LapSVM 方法在 Indian Pines 影像上的分类结果

在相同的条件下进行了 20 组独立实验,并报告了平均结果。3 种方法对各类样本的分类精度见表 4-1,3 种方法的总体精度(Overall Accuracy,OA)、平均精度(Average Accuracy,AA)、Kappa 系数[58]等详见表 4-2,每一行中的粗体值表示 3 种方法中的最佳结果。

表 4-1 每类 7 个标记样本时不同方法在 Indian Pines 影像上的分类精度

类　别	SVM	LapSVM	SS-LapSVM
Alfalfa/%	87.13	91.81	**93.83**
Corn-notill/%	66.51	**72.89**	69.19
Corn-min/%	53.23	63.45	**65.96**
Corn/%	76.37	86.78	**89.58**
Grass/Pasture/%	67.53	**77.40**	69.16
Grass/Trees/%	82.81	**96.39**	94.72

续表

类　　别	SVM	LapSVM	SS-LapSVM
Grass/Pasture-mowed/%	95.53	**100**	**100**
Hay-windrowed/%	84.92	97.25	**98.37**
Oats/%	97.86	**100**	100
Soybeans-notill/%	73.51	73.44	**79.23**
Soybeans-min/%	53.31	61.67	**90.67**
Soybean-clean/%	54.10	66.55	**67.73**
Wheats/%	88.27	**98.41**	98.32
Woods/%	79.62	89.05	**93.87**
Building-Grass-Trees-Drives/%	69.72	**80.92**	79.37
Stone-steel Towers/%	97.39	**99.55**	86.70

表 4-2　每类 7 个标记样本时不同方法在 Indian Pines 影像上的分类精度

精 度 系 数	SVM	LapSVM	SS-LapSVM
OA/%	67.16	75.71	**83.02**
AA/%	76.74	84.72	**86.04**
Kappa	0.6320	0.7262	**0.8051**

从结果中可以看到,对于大多数类,SS-LapSVM 优于 SVM 和 LapSVM,除了 Stone-steel Towers 类(地面实况中的深灰色)。可能的原因是类别位置,在那里聚集了几个类(例如,Soybean-clean 类和 Stone-steel Towers 类)。因此,SS-LapSVM 中的空间约束会对位于类边界上的一些高光谱向量进行误分类。

2. 实验 2：在不同标记样本数下 SS-LapSVM 的性能

本实验研究了不同标记样本数下 SS-LapSVM 的性能。所有的高光谱像素被随机分成两部分：一部分包含 40%的样本,用于训练；另一部分用于测试。每类标记样本的数目从 2～8 不等,其他样本未标记。SS-LapSVM 中的空间邻域宽度 d 和谱近邻数 k 分别固定为 5 和 10。权重 μ 分别设置为 0、0.001、0.01、0.1,并使用最佳参数。比较方法的参数设置与实验 1 相同。在相同的条件下进行了 20 组独立实验,并报告了平均结果。不同方法的 OA 如图 4-3(a)所示,横轴表示每类标记样本数,纵轴为 OA(%)。从结果可以看出,SS-LapSVM 比 SVM 和 LapSVM 性能好得多。由于标记的样本传递了大量的空间信息,SS-LapSVM 的性能优于 SVM 和 LapSVM。

接下来,研究了标记样本数量增加时 SS-LapSVM 的性能。由于可用的样本非常少,样本数量最少的 7 个类被弃用。在本实验中,每类标记的样本数量为 10～75,OA 如图 4-3(b)所示。从图 4-3(b)可以看出,在标记样本数相同时,SS-LapSVM 的性能优于 SVM 和 LapSVM。然而,随着标记样本数的增加,SS-LapSVM 相对于 SVM 和 LapSVM 的改进程

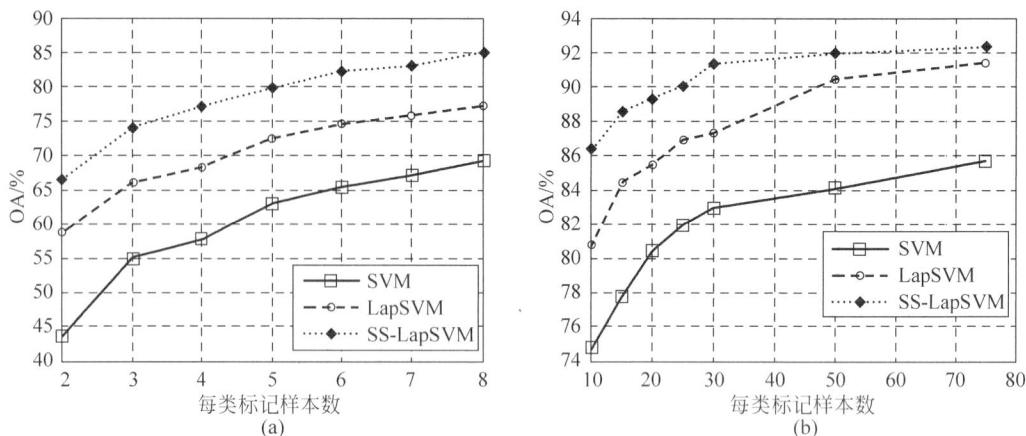

图 4-3　不同标记样本数下 SS-LapSVM 的性能

度有所降低。原因可能是标记样本最终传递了与未标记样本相同的空间和光谱信息。

　　需要注意的是,包含空间信息的这些实验获得良好性能的部分原因是 AVIRIS 图像的同质性;光谱相似的类具有非常同质的空间分布。

3. 实验 3:μ 和 d 的变化对 SS-LapSVM 性能的影响

　　在本实验中,我们分别研究了权重 μ 和邻域宽度 d 的变化对 SS-LapSVM 性能的影响。所有的高光谱像素被随机分成两部分:一部分包含 40% 的样本,用于训练;另一部分用于测试。在训练集中,每类 7 个样本被标记。权重 μ 从 $\{0,0.001,0.01,0.1,1\}$ 中选择,而 d 的选择范围为 3~9。其他实验条件和实验 1 相同。在相同的条件下进行了 20 组独立实验,并报告了平均结果。如图 4-4 所示,横轴表示权重 μ,纵轴为 OA(%)。

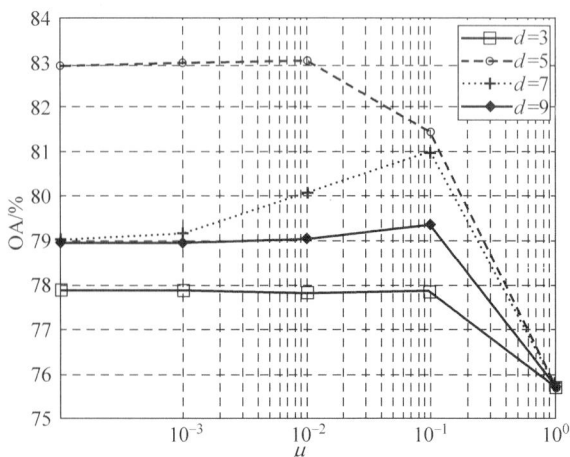

图 4-4　μ 和 d 变化时 SS-LapSVM 的性能

从图 4-4 中可以看出,SS-LapSVM 在 $d=5$ 时可以达到最高的分类精度,其次是 $d=7$、$d=9$ 和 $d=3$。其原因可能是,当邻域太小时,可以传递的空间信息不足;当邻域太大时,一些属于不同类的像素被迫被划分为同一个类。另外,随着 μ 从 0 增加到 1,3 种方法的分类精度先升后降,原因可能是当 μ 太小或太大时,SS-LapSVM 过于单独强调空间信息或光谱信息。此外,仅具有空间信息的 SS-LapSVM 的性能优于光谱信息,这验证了空间约束在 HIC 中是非常有用的。

为了研究权重 μ 对 SS-LapSVM 的影响,将 d 固定为 5,在图 4-2(b)上 μ 为 0、0.001、0.01、0.1 时 SS-LapSVM 的分类结果分别如图 4-5(a)~图 4-5(d)所示。从这些研究中可以看到,具有小权重 μ 的 SS-LapSVM,即对空间信息的严重限制,会导致更平滑的分类图,并表现得比大权重 μ 好得多。μ 固定为 0.1,d 为 3、5、7、9 的 SS-LapSVM 的分类结果分别如图 4-5(e)~图 4-5(h)所示。可以看到,$d=5$ 和 $d=7$ 的 SS-LapSVM 比 $d=3$ 和 $d=9$ 时可得到更平滑的分类图。

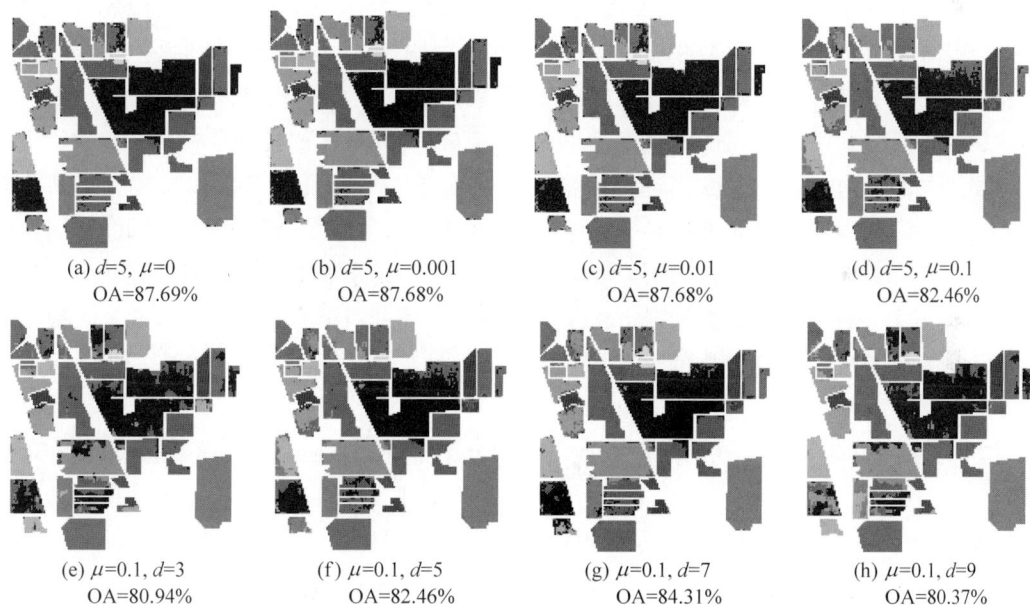

(a) $d=5$, $\mu=0$
OA=87.69%

(b) $d=5$, $\mu=0.001$
OA=87.68%

(c) $d=5$, $\mu=0.01$
OA=87.68%

(d) $d=5$, $\mu=0.1$
OA=82.46%

(e) $\mu=0.1$, $d=3$
OA=80.94%

(f) $\mu=0.1$, $d=5$
OA=82.46%

(g) $\mu=0.1$, $d=7$
OA=84.31%

(h) $\mu=0.1$, $d=9$
OA=80.37%

彩图

图 4-5　具有不同 μ(第一行)和不同 d(第二行)的 SS-LapSVM 的分类结果

4.2　基于稀疏 LapSVM 的高光谱影像分类

4.2.1　引言

作为高光谱数据的重要应用,HIC 近年来受到越来越多的关注。在过去的几十年里,许多有监督的机器学习技术已经被应用于 HIC[18-21]。许多可用的监督方法都是采用判别式模型[18-19],因为生成式模型[20-21]规定了过于严格的假设,而真实的高光谱数据不遵循这些假设。由于高光谱数据的高维性,因此在 HIC 中需要大量的标记像素来达到较高的精度。然而,标记高光谱像素是昂贵的,有时是不可行的。因此,研究者开发了一些半监督学习方法,以利用丰富的未标记样本和一些标记样本[5,22,23]。此外,还探索了空谱 HIC 方法,将空间一致性先验与高光谱像素的光谱观测相结合[24-27],以改善 HIC 结果。

在这些工作中,4.1 节提出的 SS-LapSVM 已被证明在 HIC 中是有效的。该模型利用谱向量上的聚类假设,建立了一个流形正则项。此外,在 SS-LapSVM 中引入了一个额外的正则项,通过图拉普拉斯利用标记像素和未标记像素的空间位置信息。通过结合空间和光谱信息,SS-LapSVM 可以在很少的标记样本下实现准精确分类。在此基础上还提出了其他改进方法,例如,Wang 通过用自适应方法确定高斯函数的宽度构造空间图[28],并选择信息最丰富的无标记样本使用主动学习算法[29],Ma 指定的谱正则通过图的最小距离和确定邻接关系并采用局部流形学习度量边缘权重[30]。

虽然空谱半监督 HIC 方法近年来受到越来越多的关注,但对核函数选择的研究很少。因此,SVM 的性能受到核类型和参数的显著影响。为了很好地拟合给定的高光谱数据,一个精心学习的核比一个预定义的核更好。然而,确定适当的核形式和调整相关的核参数是一项困难的任务。一些可用的文献都集中在对具有已知核形式的核函数的核参数进行优化上。早期文献通过对候选参数集进行网格搜索的 k 折交叉验证来选择核参数和正则化参数[31]。然而,交叉验证是非常耗时的,并且不能保证所选的参数是最优的。因此,在网格搜索之前,应该预先确定网格方法的搜索范围和适应度。Li 等基于包含类间信息和类内信息的准则提出了一种自动核参数选择方法来度量特征空间的可分性[32]。此外,还有人提出了基于不同特征空间可分性度量的核参数优化方法,例如,通过计算 z 分数重新调整特征的权重值[33]、特征空间度量中的簇间距离[34]以及类内和类间的距离差距[35]。与交叉验证相比,这些工作可以以更短的选择时间获得更高的分类精度。然而,该方法仅适用于标准的核函数,如 RBF 核。虽然 RBF 核是文献中常用的核函数形式,但在实践中并不适用于给定的数据集。为了解决这一问题,提出了能够满足更复杂数据流形的核函数形式。例如,平移不变小波核对雷达信号的性能优于 RBF 核[36]。此外,还提出具有不同特征的方差分析核[37]、拉普拉斯核[38]和广义直方图相交核[39]等核。各种形式的核函数可以提高核方法的性能。但是,预先确定一个适合于给定数据的特定核函数形式是一项困难的任务。因此,有人提出核函数学习方法,通过优化特定应用问题[40]的性能度量,来研究预先描述的核集的最优核。这种机制需要领域知识,而且所选择的核函数很容易受到训练数据的影响。因此,在实际应用中,我们期望的核函数应该是灵活的、数据驱动的和节省时间的,而找到合适的核函数仍然是一项烦琐且困难的任务。需要注意的是,大多数 SS-LapSVM 及其改进都不是稀疏的,所有的训练点(包括已标记的和未标记的)都是支持向量。这种框架导致了 SS-LapSVM 用于 HIC 时的高测试成本和训练样本上的过拟合。

在本节解决了这两个问题,提出了一种具有半监督核传递的稀疏 SS-LapSVM(Sparse SS-LapSVM with semisupervised Kernel Propagation,S3LapSVM-KP),以在 HIC 中实现更高的精度和效率。首先,考虑到 HIC 中使用了有限规模的数据集,并且核函数中的所有信息都可以编码在核矩阵中[41],构造了一个数据驱动的半监督 KP,从少量标记像素中仔细学习核矩阵[42]。其次,给出了一个包含核矩阵和图拉普拉斯矩阵(定义在有标记和未标记样本上的谱图拉普拉斯矩阵和空间图拉普拉斯矩阵的加权和)的半定规划(SemiDefinite Programming,SDP)问题。通过求解这个 SDP 问题,可以自适应地学习一个最适合给定数据的核矩阵。此外,为了降低求解大规模问题中定义的全核矩阵 K 的高计算成本,将 K 分割成一些子块并依次求解。由于优化目标函数及其解仅依赖小规模核矩阵,因此只需要学习小规模种子核矩阵,然后传递成大规模的全核矩阵。此外,通过求解与 SS-LapSVM 中网络节点相关的稀疏权值向量,提出了一种一步式稀疏剪枝算法。通过结合 S3LapSVMKP 与稀疏编码[43],不仅可以自动从数据中确定核,而且可以避免过拟合,降低 SS-LapSVM 的非稀疏拓扑结构产生的计算成本。在几个真实的高光谱数据集上对 S3LapSVM-KP 进行了性能评估,结果表明,S3LapSVM-KP 可以在标记数据很少的情况下实现精确、快速的分类。

与现有的 HIC 方法相比,S3LapSVM-KP 具有以下特点:

(1) S3LapSVM-KP 的核函数可以只用少数标记样本通过半监督 KP 进行自适应学习。

(2) S3LapSVM-KP 不仅将空间信息和光谱信息结合在一起,而且利用了核函数中丰富的未标记样本中所包含的信息,从而获得了更精确的分类结果。

(3) 利用稀疏编码求解与网络节点相关的稀疏权值向量,一步得到稀疏拓扑,从而提高了 S3LapSVM-KP 的泛化能力,并减少了预测时间。

4.2.2 核传递

在 SS-LapSVM 中,需要知道一个基于有限大小的高光谱数据集的核矩阵。除了像 4.2.1 节那样,通过预先给定的核函数计算其元素得到核矩阵外,还可以通过半监督核矩阵学习(Semi-Supervised Kernel Matrix Learning,SS-KML)学习到最适合给定影像的核矩阵。为了利用更多的信息,可以将在标记样本和未标记样本上定义的图拉普拉斯矩阵参与到 SS-KML 中。此外,高光谱影像同时符合光谱聚类假设和空间聚类假设。因此,该方法使用了与式(4-5)中相同的图拉普拉斯矩阵 L,它是通过将这两种聚类假设结合起来构造的。因此,SS-KML 模型被表述为一个形如

$$\min_{K > 0} \operatorname{tr}(LK) \tag{4-6}$$

的 SDP 问题。求解定义在全部高光谱像素上的全核矩阵 K 的计算代价通常太高,无法用于大规模问题。解决这一问题的一个可行方案是将 K 分成 4 个子块(K_{ll}、K_{lu}、$K_{ul} = K_{lu}^{\mathsf{T}}$、$K_{uu}$),然后分别计算这些子块。

在式(4-6)中,由于 $\boldsymbol{K}$ 的对称性和半正定性,可以将之分解为 $\boldsymbol{K}=\boldsymbol{BB}^{\mathrm{T}}$,其中,$\boldsymbol{B}\in$ $\mathfrak{R}^{N\times M}$ 是一个实矩阵。在改写 $\boldsymbol{B}=\begin{pmatrix}\boldsymbol{B}_l\\\boldsymbol{B}_u\end{pmatrix}$,$\boldsymbol{L}=\begin{pmatrix}\boldsymbol{L}_{ll}&\boldsymbol{L}_{lu}\\\boldsymbol{L}_{ul}&\boldsymbol{L}_{uu}\end{pmatrix}$ 后,式(4-6)可以重新表述为

$$\min_{\boldsymbol{B}}\mathrm{tr}(\boldsymbol{L}\boldsymbol{BB}^{\mathrm{T}})\Rightarrow\min_{\boldsymbol{B}}\mathrm{tr}(\boldsymbol{B}^{\mathrm{T}}\boldsymbol{LB})$$

$$\Rightarrow\min_{\boldsymbol{B}_u}\mathrm{tr}(\boldsymbol{B}_l^{\mathrm{T}}\boldsymbol{L}_{ll}\boldsymbol{B}_l+2\boldsymbol{B}_u^{\mathrm{T}}\boldsymbol{L}_{lu}^{\mathrm{T}}\boldsymbol{B}_l+\boldsymbol{B}_u^{\mathrm{T}}\boldsymbol{L}_{uu}\boldsymbol{B}_u)$$

$$\Rightarrow\min_{\boldsymbol{B}_u}\mathrm{tr}(2\boldsymbol{B}_u^{\mathrm{T}}\boldsymbol{L}_{lu}^{\mathrm{T}}\boldsymbol{B}_l+\boldsymbol{B}_u^{\mathrm{T}}\boldsymbol{L}_{uu}\boldsymbol{B}_u) \tag{4-7}$$

为了最小化式(4-7)中最后一行的目标函数,计算关于 $\boldsymbol{B}_u$ 的导数并将之设置为 0,因此

$$2\boldsymbol{L}_{lu}^{\mathrm{T}}\boldsymbol{B}_l+2\boldsymbol{L}_{uu}\boldsymbol{B}_u=0\Rightarrow\boldsymbol{B}_u=-\boldsymbol{L}_{uu}^{-1}\boldsymbol{L}_{lu}^{\mathrm{T}}\boldsymbol{B}_l\Rightarrow\boldsymbol{B}=\begin{pmatrix}\boldsymbol{L}_l\\-\boldsymbol{L}_{uu}^{-1}\boldsymbol{L}_{lu}^{\mathrm{T}}\end{pmatrix}\boldsymbol{B}_l \tag{4-8}$$

记 $\boldsymbol{K}_{ll}=\boldsymbol{B}_l\boldsymbol{B}_{ll}^{\mathrm{T}}$,$\boldsymbol{Q}=\begin{pmatrix}\boldsymbol{L}_l\\-\boldsymbol{L}_{uu}^{-1}\boldsymbol{L}_{lu}^{\mathrm{T}}\end{pmatrix}$,式(4-6)的解可以写成

$$\boldsymbol{K}=\boldsymbol{BB}^{\mathrm{T}}=\boldsymbol{Q}\boldsymbol{B}_l\boldsymbol{B}_l^{\mathrm{T}}\boldsymbol{Q}^{\mathrm{T}}=\boldsymbol{Q}\boldsymbol{K}_{ll}\boldsymbol{Q}^{\mathrm{T}}$$

$$\Rightarrow\boldsymbol{K}=\begin{pmatrix}\boldsymbol{K}_{ll}&-\boldsymbol{K}_{ll}\boldsymbol{L}_{lu}\boldsymbol{L}_{uu}^{-1}\\-\boldsymbol{L}_{uu}^{-1}\boldsymbol{L}_{lu}^{\mathrm{T}}\boldsymbol{K}_{ll}&\boldsymbol{L}_{uu}^{-1}\boldsymbol{L}_{lu}^{\mathrm{T}}\boldsymbol{K}_{ll}\boldsymbol{L}_{lu}\boldsymbol{L}_{uu}^{-1}\end{pmatrix} \tag{4-9}$$

式(4-9)是式(4-6)的闭式解。将其代入式(4-6)后,目标函数 $\mathrm{tr}(\boldsymbol{LK})$ 可以被重新表述为

$$\mathrm{tr}(\boldsymbol{LK})=\mathrm{tr}(\boldsymbol{LQK}_{ll}\boldsymbol{Q}^{\mathrm{T}})=\mathrm{tr}(\boldsymbol{L}_{ll}\boldsymbol{K}_{ll})-\mathrm{tr}(\boldsymbol{L}_{lu}\boldsymbol{L}_{uu}^{-1}\boldsymbol{L}_{lu}^{\mathrm{T}}\boldsymbol{K}_{ll})$$

$$=\mathrm{tr}((\boldsymbol{L}_{ll}-\boldsymbol{L}_{lu}\boldsymbol{L}_{uu}^{-1}\boldsymbol{L}_{lu}^{\mathrm{T}})\boldsymbol{K}_{ll}) \tag{4-10}$$

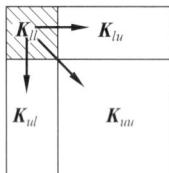

图 4-6　核传递的描述

因此,式(4-6)的目标函数和闭式解仅依赖小尺寸的核矩阵 $\boldsymbol{K}_{ll}$。如图 4-6 所示,如果已知 $\boldsymbol{K}_{ll}$,则根据式(4-9),$\boldsymbol{K}_{ll}$ 可以传播到其他 3 个未知的子块 $\boldsymbol{K}_{lu}$、$\boldsymbol{K}_{ul}$ 和 $\boldsymbol{K}_{uu}$。因此,这种机制被称为核传递(Kernel Propagation,KP)。

接下来,有必要学习如何在实践中学习 $\boldsymbol{K}_{ll}$。通过构建 $\boldsymbol{X}_l$ 上的必须连接和不能连接约束集 $\boldsymbol{M}=\{(\boldsymbol{x}_i,\boldsymbol{x}_j)\mid\boldsymbol{x}_i\in\boldsymbol{X}_l,\boldsymbol{x}_j\in\boldsymbol{X}_l,y_i=y_j\}$ 和 $\boldsymbol{C}=\{(\boldsymbol{x}_i,\boldsymbol{x}_j)\mid\boldsymbol{x}_i\in\boldsymbol{X}_l,\boldsymbol{x}_j\in\boldsymbol{X}_l,y_i\neq y_j\}$,$\boldsymbol{K}_{ll}$ 可以通过求解服从 $\boldsymbol{X}_l$ 上预先给定的成对约束的优化函数 $\mathrm{tr}((\boldsymbol{L}_{ll}-\boldsymbol{L}_{lu}\boldsymbol{L}_{uu}^{-1}\boldsymbol{L}_{lu}^{\mathrm{T}})\boldsymbol{K}_{ll})$ 来解决 SDP 问题。最优化问题可表述如下:

$$\min_{\boldsymbol{K}>0}\mathrm{tr}((\boldsymbol{L}_{ll}-\boldsymbol{L}_{lu}\boldsymbol{L}_{uu}^{-1}\boldsymbol{L}_{lu}^{\mathrm{T}})\boldsymbol{K}_{ll})$$

$$\mathrm{s.t.}\ \boldsymbol{K}_{ll}(i,i)=1,\forall\boldsymbol{x}_i\in\boldsymbol{X}_l$$

$$\boldsymbol{K}_{ll}(i,j)=1,\forall(\boldsymbol{x}_i,\boldsymbol{x}_j)\in\boldsymbol{M} \tag{4-11}$$

$$\boldsymbol{K}_{ll}(i,j)=0,\forall(\boldsymbol{x}_i,\boldsymbol{x}_j)\in\boldsymbol{C}$$

算法 4-2 简要总结了 KP 的处理过程。

算法 4-2：KP 的处理过程

输入：$X_l = \{x_i\}_{i=1}^l$——标记样本集；

$\qquad X_u = \{x_i\}_{i=l+1}^N$——未标记样本集；

$\qquad L$——$X = X_l \bigcup X_u$ 上的图拉普拉斯矩阵。

输出：K^*——X 上的全核矩阵。

1：构造必须连接约束集 $M = \{(x_i, x_j) \mid x_i \in X_l, x_j \in X_l, y_i = y_j\}$ 和不能连接约束集

$C = \{(x_i, x_j) \mid x_i \in X_l, x_j \in X_l, y_i \neq y_j\}$；

2：通过求解式(4-11)来学习 X_l 上的一个小尺寸核矩阵 K_{ll}；

3：将 K_{ll} 代入式(4-9)后，得到一个全核矩阵 K；

4：根据 $\hat{D} = \mathrm{diag}(K)$ 返回 $K^* = \hat{D}^{-1/2} K \hat{D}^{-1/2}$。

4.2.3 基于压缩感知的稀疏 LapSVM

通过 KP 得到核矩阵后，可以通过求解优化问题(4-4)来对 SS-LapSVM 进行训练。解决这个问题的一种方法是以原始的方式优化它。记 k_i 为矩阵 K 的第 i 列；1 是一个 $N \times 1$ 向量，每个元素都等于 1。令

$$M = \frac{1}{2}\left(\frac{1}{l}\sum_{i=1}^l \max\left[0, 1 - y_i(k_i^{\mathrm{T}} a + b)\right]\right)^2 + \gamma_A a^{\mathrm{T}} K a + \gamma_I (Ka + 1b)^{\mathrm{T}} L (Ka + 1b)$$

$$(4\text{-}12)$$

M 对于 f 和 a 是连续可微的，因此可以通过设置

$$\begin{cases} \dfrac{\partial M}{\partial b} = 1^{\mathrm{T}}(Ka + 1b) - 1^{\mathrm{T}} y + \gamma_I 1^{\mathrm{T}} L(Ka + 1b) = 0 \\[2mm] \dfrac{\partial M}{\partial a} = K(Ka + 1b) - Ky + \gamma_A Ka + \gamma_I KL(Ka + 1b) = 0 \end{cases}$$

$$(4\text{-}13)$$

得到 M 的最小化，其中，$y = [y_1, \cdots, y_l, 0, \cdots, 0]^{\mathrm{T}} \in \Re^{N \times 1}$。以上两个方程可以组合在一起，改写为

$$\begin{pmatrix} 1^{\mathrm{T}} I 1 + \gamma_I 1^{\mathrm{T}} L 1 & 1^{\mathrm{T}} I K + \gamma_I 1^{\mathrm{T}} L K \\ K I 1 + \gamma_I K L 1 & K I K + \gamma_A K + \gamma_I K L K \end{pmatrix} \hat{a} - \begin{pmatrix} 1^{\mathrm{T}} I y \\ K I y \end{pmatrix} = 0 \qquad (4\text{-}14)$$

因此

$$\begin{pmatrix} 1^{\mathrm{T}} 1 + \gamma_I 1^{\mathrm{T}} L 1 & 1^{\mathrm{T}} K + \gamma_I 1^{\mathrm{T}} L K \\ K 1 + \gamma_I K L 1 & K K + \gamma_A K + \gamma_I K L K \end{pmatrix} \hat{a} = \begin{pmatrix} 1^{\mathrm{T}} y \\ K y \end{pmatrix} \qquad (4\text{-}15)$$

其中，$\hat{a} = [b, a^{\mathrm{T}}]^{\mathrm{T}}$。

上面提到的 SS-LapSVM 模型只能解决二分类问题，为了利用它来解决是一个多分类

问题的 HIC 问题,需要对 SS-LapSVM 进行改进,以便处理多个二分类问题。假设将 HIC 问题转化为由 SS-LapSVM 求解的一组 L 个二分类问题,则可以得到

$$\begin{pmatrix} \mathbf{1}^{\mathrm{T}}\mathbf{1} + \gamma_I \mathbf{1}^{\mathrm{T}}\mathbf{L}\mathbf{1} & \mathbf{1}^{\mathrm{T}}\mathbf{K} + \gamma_I \mathbf{1}^{\mathrm{T}}\mathbf{L}\mathbf{K} \\ \mathbf{K}\mathbf{1} + \gamma_I \mathbf{K}\mathbf{L}\mathbf{1} & \mathbf{K}\mathbf{K} + \gamma_A \mathbf{K} + \gamma_I \mathbf{K}\mathbf{L}\mathbf{K} \end{pmatrix} \hat{\mathbf{A}} = \begin{pmatrix} \mathbf{1}^{\mathrm{T}}\mathbf{Y} \\ \mathbf{K}\mathbf{Y} \end{pmatrix} \tag{4-16}$$

其中,

$$\hat{\mathbf{A}} = [\hat{\mathbf{a}}_1, \hat{\mathbf{a}}_2, \cdots, \hat{\mathbf{a}}_L] \in \mathfrak{R}^{(N+1) \times L}$$

$$\mathbf{Y} = [\mathbf{y}_1, \mathbf{y}_2, \cdots, \mathbf{y}_L] \in \mathfrak{R}^{(N+1) \times L}$$

记

$$\hat{\mathbf{Y}} = \begin{pmatrix} \mathbf{1}^{\mathrm{T}}\mathbf{Y} \\ \mathbf{K}\mathbf{Y} \end{pmatrix}$$

$$\mathbf{\Psi} = \begin{pmatrix} \mathbf{1}^{\mathrm{T}}\mathbf{1} + \gamma_I \mathbf{1}^{\mathrm{T}}\mathbf{L}\mathbf{1} & \mathbf{1}^{\mathrm{T}}\mathbf{K} + \gamma_I \mathbf{1}^{\mathrm{T}}\mathbf{L}\mathbf{K} \\ \mathbf{K}\mathbf{1} + \gamma_I \mathbf{K}\mathbf{L}\mathbf{1} & \mathbf{K}\mathbf{K} + \gamma_A \mathbf{K} + \gamma_I \mathbf{K}\mathbf{L}\mathbf{K} \end{pmatrix}$$

式(4-16)可以简化为

$$\mathbf{\Psi}\hat{\mathbf{A}} = \hat{\mathbf{Y}} \tag{4-17}$$

这个问题可以用 PCG 算法来求解[15,44]。但是,问题(4-16)需要通过 PCG 算法进行迭代优化,而且训练后的 SS-LapSVM 并不是稀疏的。对于 SS-LapSVM,拓扑的稀疏性等价于与网络节点相关的权向量的稀疏性。此外,为了使得用二分类问题求解的多个 SS-LapSVM 同时共享相同的节点,权值矩阵 $\hat{\mathbf{A}}$ 应该是行稀疏的。因此,可以通过形如

$$\begin{cases} \min \|\hat{\mathbf{A}}\|_{\mathrm{row},0} \\ \mathrm{s.\,t.} \quad \mathbf{\Psi}\hat{\mathbf{A}} = \hat{\mathbf{Y}} \end{cases} \tag{4-18}$$

的稀疏编码来解决问题(4-17)。为了降低求解式(4-18)的成本,同时在式(4-17)的左右两侧乘以一个压缩采样矩阵 $\mathbf{\Phi}$。根据 2.2.2 节的分析,对字典矩阵进行了 SVD 分析,即 $\mathbf{\Psi} = \mathbf{U}\mathbf{\Delta}\mathbf{V}$。然后对奇异值进行排序,选择最大的 M 个值,以满足它们的求和与所有奇异值求和的比值为 $1 - \sigma$。对应这 M 个最大奇异值的 M 列是 M 个主特征向量,令 $\mathbf{\Phi} = \mathbf{U}_M$。那么,优化问题(4-18)可以转化为

$$\begin{cases} \min_{\hat{\mathbf{A}}} \|\hat{\mathbf{A}}\|_{\mathrm{row},0} \\ \mathrm{s.\,t.} \quad \mathbf{\Phi}\mathbf{\Psi}\hat{\mathbf{A}} = \mathbf{\Phi}\hat{\mathbf{Y}} \end{cases} \tag{4-19}$$

通过规定矩阵 $\hat{\mathbf{A}}$ 中只有 S 行是非零的,利用 SOMP 算法[45]求解优化问题(4-18)可以一步式地得到一个行稀疏矩阵 $\hat{\mathbf{A}}$。因此,可以通过稀疏编码一步式地得到一个具有核传递的稀

疏 SS-LapSVM(Sparse SS-LapSVM with Kernel Propagation,S3LapSVM-KP)。S3LapSVM-KP 的稀疏度也是用通过式(3-10)计算的参数 Sparsity 度量[46]。综上所述,S3LapSVM-KP 用于 HIC 的过程总结在算法 4-3 中。

算法 4-3：基于 S3LapSVM-KP 的 HIC

输入：一幅具有 l 个标记高光谱向量 $\{(x_i,y_i),i=1,2,\cdots,l\}$ 和 u 个未标记高光谱向量 $\{x_i,i=l+1,2,\cdots,N\}$ 的高光谱影像 I,参数 γ_A、γ_I 和 μ。

输出：高光谱影像 I 的标记。

1：计算光谱相似矩阵 W_1 和空间相似矩阵 W_2；

2：构造图拉普拉斯矩阵 $L_1=D_1-W_1$,$L_2=D_2-W_2$；

3：利用算法 4-2 中描述的 KP 算法计算核矩阵 $K\in\Re^{N\times N}$；

4：计算 $\Psi=\begin{pmatrix}\mathbf{1}^T\mathbf{1}+\gamma_I\mathbf{1}^T L\mathbf{1} & \mathbf{1}^T K+\gamma_I\mathbf{1}^T LK \\ K\mathbf{1}+\gamma_I KL\mathbf{1} & KK+\gamma_A K+\gamma_I KLK\end{pmatrix}$ 和 $\hat{Y}=\begin{pmatrix}\mathbf{1}^T Y \\ KY\end{pmatrix}$；

5：利用 SOMP 算法[47]优化问题(4-19),得到一个具有 S 个非零行的行稀疏矩阵 $\hat{A}$；

6：从 $\mathrm{sign}\left(\sum\limits_{i=1}^{N}a_i^* k_{ij}+b\right)$ $(j=l+1,2,\cdots,N)$ 中预测未标记像素的标签。

4.2.4　实验结果与分析

本节研究 S3LapSVM-KP 的性能,并与以下相关的空谱 HIC 算法进行了比较。

(1)复合核 SVM(Composite Kernel SVM,CK-SVM),这是一种泛化性能优良的监督空谱算法[24]；

(2)基于聚类假设和空间拉普拉斯正则器的半监督分类(Clustering Assumption and Spatial Laplace Rgularizer based Semi-Supervised Classification,CA-SLR-SSC)[25]；

(3)基于松弛聚类假设和空间拉普拉斯正则器的半监督分类(Relaxed Clustering Assumption and Spatial Laplace Regularizer based Semi-Supervised Classification,RCA-SLR-SSC)[25]；

(4)通过预先给定的核函数计算核矩阵的 SSLapSVM(SS-LapSVMKF)[47]；

(5)通过 KP 算法计算核矩阵的 SS-LapSVM(SS-LapSVMKP)。

为了在 KP 算法中构造种子核矩阵 K_{ll},采用标准求解器 CSDP 6.0.11[48]求解 SDP 问题(4-11)。

1. 实验 1：算法性能分析

在该实验中,首先将所提出的 S3LapSVM-KP 的性能与 CK-SVM、CA-SLR-SSC、RCA-SLR-SSC、SS-LapSVM-KF 和 SS-LapSVM-KP 在 Indian Pines 影像上进行了视觉比较。Indian Pines 影像的所有像素被随机分为两部分,每类有 10 个像素作为标记样本集,其余

10 206 个像素作为未标记像素进行训练,如图 4-3(b)所示对于 SS-LapSVM-KF、SS-LapSVM-KP 和 S3LapSVM-KP,矩阵 W_1 和 W_2 的元素分别根据式(4-2)和式(4-3)计算。其中,光谱最近邻数 k 和空间邻域宽度分别设置为 10 和 7,权重 μ 设为 0.001。将 S3LapSVM-KP 中的稀疏比设置为 99.5%。在 CK-SVM 和 SS-LapSVM-KF 中,选择 RBF 核作为核函数,其宽度参数在 $[2^{-15}, 2^{15}]$ 区间通过 5 折交叉验证进行调整。RBF 核也用于 CA-SLR-SSC 和 RCA-SLR-SSC,但宽度参数设置如同文献[26]中为实例之间的平均距离。此外,遵循文献[26]的设置,这两种方法的邻域半径 r、终止参数 ε、正则化参数 λ 和 λ_1 分别设置为 3、10^{-3}、3 和 10^{-3}。对于 CK-SVM、SS-LapSVM-KF、SS-LapSVM-KP 和我们所提出的 S3LapSVM-KP,采用一对一策略解决多类问题,并在 $[10^{-5}, 10^5]$ 区间通过 5 折交叉验证对正则化参数 C、γ_A 和 γ_I 进行调整。这些方法中所选择的最优参数如表 4-3 所示。

表 4-3　不同方法的最优参数

数 据 集	CK-SVM		SS-LapSVM-KF			SS-LapSVM-KP		S3LapSVM-KP	
	σ	C	σ	γ_A	γ_I	γ_A	γ_I	γ_A	γ_I
Indian Pines	2^5	10^{-2}	2^0	10^{-2}	10^{-1}	10^{-1}	10^{-2}	10^{-2}	10^{-2}
Botswana	2^3	10	2^{-3}	10^{-2}	10^{-1}	10^{-2}	10^{-1}	10^0	10^{-1}
KSC	2^0	10^2	2^{-3}	10^{-2}	10^{-1}	10^{-2}	10^{-1}	10^0	10^{-1}

　　CK-SVM、CA-SLR-SSC、RCA-SLR-SSC、SS-LapSVMKF、SS-LapSVM-KP 和 S3SapSVM-KP 的分类结果分别如图 4-7(c)~图 4-7(h)所示,可以看出,S3LapSM-SM-KP 和 SS-SapSVMKP 的分类结果比 CK-SVM、CA-SLR-SSC、RCA-SLR-SSC、SS-LapSVM-KF 具有更好的空间同质性,而且可以避免 CK-SVM、CA-SLR-SSC、RCA-SLR-SSC、SS-LapSVM-KF 中的斑状误分类。原因可能是,不同于 CK-SVM、CA-SLR-SSC、RCA-SLR-SSC 和 SS-LapSVM-KF 中的核是使用核函数基于高光谱影像的谱值计算出来,S3LapSVMKP 和 SS-LapSVM-KP 中的核采用 KP 算法利用空-谱图拉普拉斯进行计算,因此满足空间同质性假设。然而,由于同样的原因,有一些大的空间区域被 SS-SapSVM-KP(如在 Soybeans-min 和 Soybeans-notill 类像素被误分为 Corn-notill 类)和 S3SapSVM-KP(如 Soybeans-notill 类像素和 woods 类像素误分为 Soybeans-min 类)误分类。此外,从图 4-7 可以看出,只有 RCA-SLR-SSC 对 woods 类像素进行了正确的分类。这是因为它是基于松弛聚类假设,有助于区分具有不同光谱值的同一类像素。从图 4-7(g)和图 4-7(h)中可以看出,S3LapSVM-KP 的误分类区域小于 SS-LapSVM-KP,说明 LapSVM 拓扑的稀疏性可以提高分类性能。

　　为了进一步比较 S3LapSVM-KP 与 CK-SVM、CA-SLRSSC、RCA-SLR-SSC、SS-LapSVM-KF 和 SS-LapSVM-KP 的性能,分别在 Botswana 和 KSC 影像上对 6 种算法的性能进行了评估。Botswana 影像的所有像素被随机分成两部分:一部分包含每类 10 个像素,是标记像素集,另一部分包含 3108 个像素,是未标记像素。KSC 影像也被随机分成一个包含每类

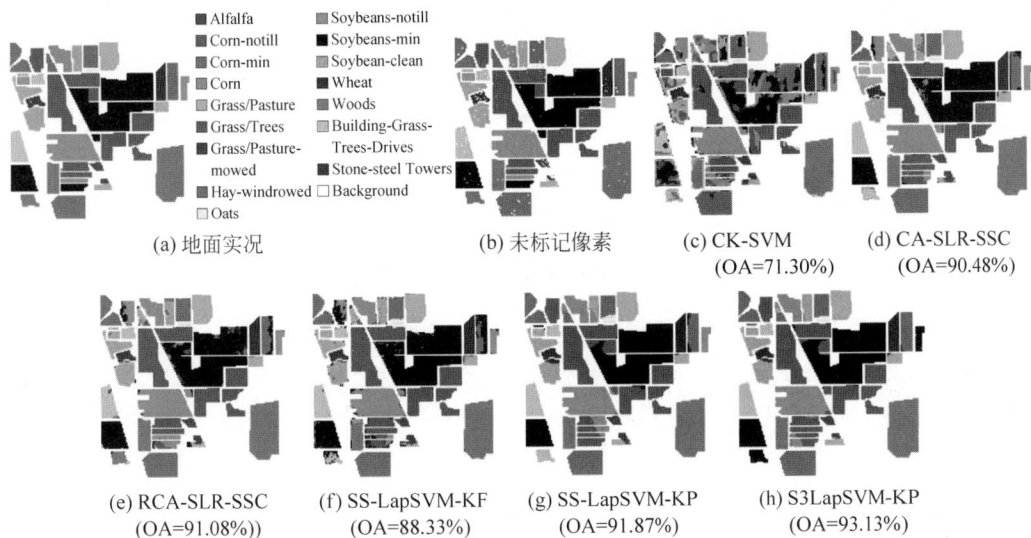

图 4-7　S3LapSVM-KP 及比较方法在 Indian Pines 影像上的分类结果

10 个像素的标记像素集和一个包含其余 5081 个像素的未标记像素集。在与上个实验相同的条件下进行了 20 组独立的实验，并报告了平均结果，用于对 6 种算法的性能进行数值比较。每类的分类精度、分类结果的 OA、AA 和 Kappa 系数、训练时间、测试时间和 6 种方法的稀疏比分别见表 4-4 和表 4-5。每一行中的粗体值表示这 6 种方法中的最佳结果。

表 4-4　不同方法在 Botswana 影像上的分类精度（%）及时间（s）

类别	CK-SVM	CA-SLR-SSC	RCA-SLR-SSC	SS-LapSVM-KF	SS-LapSVM-KP	S3LapSVM-KP
1	**100.00**	99.19	97.42	99.73	**100.00**	100.00
2	97.61	98.02	**100.00**	95.87	**100.00**	100.00
3	71.20	96.18	97.93	99.38	**100.00**	100.00
4	98.20	99.32	99.56	**100.00**	**100.00**	100.00
5	65.33	85.91	96.10	93.32	91.66	**100.00**
6	86.80	95.48	96.18	97.26	99.54	**100.00**
7	99.24	**100.00**	99.60	99.92	**100.00**	100.00
8	86.79	92.85	99.17	**100.00**	**100.00**	100.00
9	85.53	97.73	98.32	95.16	99.67	**100.00**
10	98.07	**100.00**	**100.00**	**100.00**	**100.00**	100.00
11	97.39	98.95	**100.00**	94.47	**100.00**	100.00
12	99.71	99.36	**100.00**	99.77	**100.00**	100.00
13	99.77	**100.00**	**100.00**	**100.00**	**100.00**	100.00
14	76.51	91.06	**92.35**	89.30	82.12	82.35
OA	90.22	96.94	98.49	97.71	98.75	**99.52**
AA	90.15	96.72	98.33	97.44	98.07	**98.74**

续表

类别	CK-SVM	CA-SLR-SSC	RCA-SLR-SSC	SS-LapSVM-KF	SS-LapSVM-KP	S3LapSVM-KP
Kappa	0.8940	0.9668	0.9837	0.9752	0.9864	**0.9948**
稀疏比	96.35	0.00	0.00	0.00	23.52	**99.48**
训练时间	35.34	2811	4474	1062	1826	**0.35**
测试时间	7.98	0.11	**0.05**	11.59	4.22	0.85

表 4-5 不同方法在 KSC 影像上的分类精度(%)及时间(s)

类别	CK-SVM	CA-SLR-SSC	RCA-SLR-SSC	SS-LapSVM-KF	SS-LapSVM-KP	S3LapSVM-KP
1	96.56	92.97	98.26	98.10	97.14	**100.00**
2	70.90	71.46	85.62	81.12	94.08	**100.00**
3	71.42	99.35	99.39	90.00	89.72	**100.00**
4	15.04	86.24	**98.68**	67.93	89.63	97.69
5	53.22	91.85	82.78	71.97	**100.00**	**100.00**
6	55.07	94.43	98.63	93.88	**100.00**	**100.00**
7	93.33	**100.00**	99.89	98.44	**100.00**	**100.00**
8	81.66	97.86	99.41	95.75	92.35	**100.00**
9	99.31	95.90	90.14	99.20	**100.00**	**100.00**
10	86.90	**100.00**	**100.00**	92.26	**100.00**	**100.00**
11	92.89	98.68	**100.00**	95.31	**100.00**	**100.00**
12	88.32	96.77	92.17	90.63	**100.00**	**100.00**
13	96.43	99.84	**100.00**	99.65	**100.00**	**100.00**
OA	84.32	95.45	96.62	93.33	97.68	**99.89**
AA	77.01	94.26	95.77	90.33	97.15	**99.82**
Kappa	0.8251	0.9493	0.9624	0.9257	0.9741	**0.9989**
稀疏比	97.79	0	0	0	15.7	**99.48**
训练时间	35.34	10754	16331	7831	1405	**0.64**
测试时间	10.78	0.26	**0.22**	12.82	9.76	2.21

从表 4-4 的结果中可以发现,对于大多数类,S3LapSVM-KP 能在使用更少支持向量的情形下性能优于其他 5 种方法。但对于第 14 类,通过核函数计算核矩阵的 CA-SLR-SSC、RCA-SLR-SSC、SS-SapSVM-KF 等半监督方法的性能优于 S3LapSVM-KP 和 SS-LapSVM-KP。这可能是因为,当 S3LapSVM-KP 和 SS-LapSVM-KP 通过 KP 算法计算核矩阵时,位于其他类附近的第 14 类像素被强制规定与属于其他类的像素具有空间平滑性。因此,这些像素被误分为其他类。

从表 4-5 的结果可以看出,对于除第四类以外的其他所有类,S3LapSVM-KP 在 6 种算法中获得了最高的精度。RCA-SLR-SSC 在第四类方法中的性能优于其他方法。原因可能是它是基于松弛聚类假设,而其他方法则采用聚类假设。S3LapSVM-KP 在 KSC 影像上具有非常稀疏的网络拓扑结构,性能非常好。此外,从表 4-4 和表 4-5 中可以发现,S3LapSVM-

KP 的稀疏比是所有方法中最大的,即 S3LapSVM-KP 具有最稀疏的拓扑结构。但 S3LapSVM-KP 的测试时间超过了 CA-SLR-SSC 和 RCA-SLR-SSC,因为 S3LapSVM-KP 使用一对一策略解决多分类问题,而 CA-SLR-SSC 和 RCA-SLR-SSC 使用一对多策略。幸运的是,由于低维观测,S3LapSVM-KP 的训练时间比其他方法要少得多。

2. 实验 2:不同数目标记像素时 S3LapSVM 的性能

本实验研究了使用不同标记像素的 S3LapSVM-KP 在 3 个实验影像上的性能。每个高光谱影像中的所有像素被随机分成两部分:一部分是标记像素,每类数量为 5～100 不等,另一部分是未标记像素。采用 SS-LapSVM-KF 算法和 SS-LapSVM-KP 算法作为比较方法。实验设置与实验 1 相同。在相同条件下对 3 种实验影像进行了 20 组独立的实验,并报告了平均结果。不同方法对 Indian Pines、Botswana 和 KSC 影像的 OA 分别如图 4-8(a)～图 4-8(c)所示。横轴表示每类标记像素的数量,纵轴是未标记像素上的 OA(%)。

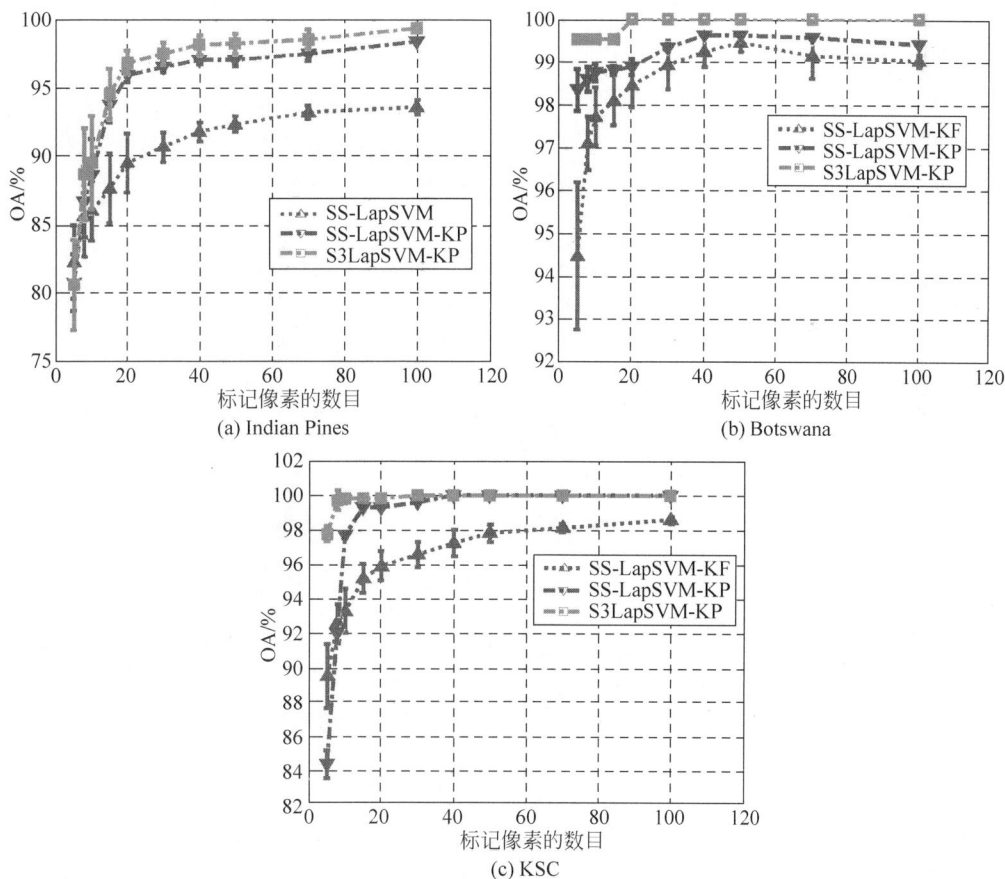

(a) Indian Pines

(b) Botswana

(c) KSC

图 4-8 不同数目标记像素下 S3LapSVM-KP 的性能

从图 4-8（a）～图 4-8（c）可以看出，S3LapSVM-KP 在大多数情况下的表现都优于 SSLapSVM-KF 和 SS-LapSVM-KP。这得益于以下两点：

（1）利用标记像素和未标记像素中包含的光谱和空间信息，可以计算适当的核矩阵；

（2）S3LapSVM-KP 拓扑的稀疏性避免了对标记像素的过拟合。

但从图 4-8（a）可以看出，当每类标记 5 个像素时，S3LapSVM-KP 在 Indian Pines 影像上的表现比 SS-LapSVM-KF 更差。原因可能是可用的标记像素过少，使得 KP 算法计算的核矩阵被有限标记像素中包含的信息支配，从而导致误分类。此外，从图 4-8（a）可以看出，S3LapSVM-KP 的性能随着标记像素数量的增加而迅速提高，这得益于适当地计算核矩阵，并用有限的训练像素重构稀疏编码矩阵。从图 4-8（b）和图 4-8（c）也可以看出 S3LapSVM-KP 的性能迅速达到峰值。

3. 实验 3：窗宽和 μ 变化时 S3LapSVM-KP 的性能

本实验以 KSC 影像为例，研究了我们所提出的 S3LapSVM-KP 在权重 μ 和邻域宽度变化时的性能。KSC 影像中的所有高光谱像素被随机分为两部分，其中一部分为标记像素集，包含每类 10 个像素，其余 5081 个像素为未标记数据。权重 μ 从 $\{0、0.001、0.01、0.1、1\}$ 中选择，窗口宽度范围为 3～9。其他实验设置与实验 1 相同。在相同的条件下，进行了 20 组独立的实验，平均结果如图 4-9 所示（横轴表示权重，纵轴为 OA）。

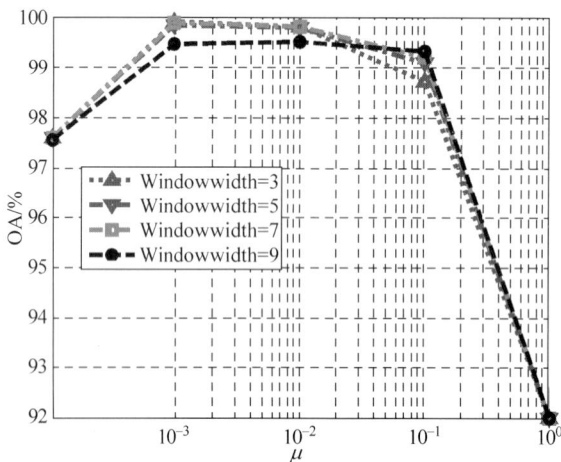

图 4-9　μ 和窗口宽度变化时 S3LapSVM-KP 的性能

从图 4-9 可以看出，随着 μ 从 0 增加到 1，S3LapSVM-KP 的 OA 先增大，然后减小。这是因为太小的 μ 使得 S3LapSVM-KP 过于强调空间信息，而太大的 μ 使得 S3LapSVM-KP 过于强调光谱信息。另外，从图 4-9 还可以看出，窗口宽度对 S3LapSVM-KP 性能的影响取决于 μ 的值。当 μ 小于 0.1 时，空间信息在 S3LapSVM-KP 中的影响较大，S3LapSVM-KP 在邻域窗口宽度最大时分类精度最差。原因可能是，当邻域太大时，一些属于不同类别的噪

声像素被混到同一个空间邻域中。因此,对核矩阵和分类器的学习能力很差。但当 μ 达到
0.1 时,窗口宽度越大,S3LapSVM-KP 的 OA 就越高。这是因为在这种情况下,
S3LapSVM-KP 中的空间信息的影响下降了,因此需要传递足够的空间信息。

4. 实验4:稀疏比变化时 S3LapSVM-KP 的性能

本实验也以 KSC 影像为例,研究了 S3LapSVM-KP 在稀疏比变化时的性能。稀疏比从
{90%、95%、98%、98.5%、99%、99.5%、99.9%}中选择。其他实验设置与实验1相同。在
相同的条件下,进行了 20 组独立的实验,平均结果见图 4-10(横轴表示稀疏比,纵轴为
OA)。从图 4-10 可以看出,当稀疏比不大于 99.5% 时,S3LapSVM-KP 得到的 OA 始终为
99.81%。这说明一旦稀疏比低于一定值,S3LapSVM-KP 的分类精度可以保持较高的值。
因此,找到合适的稀疏比值是很重要的。

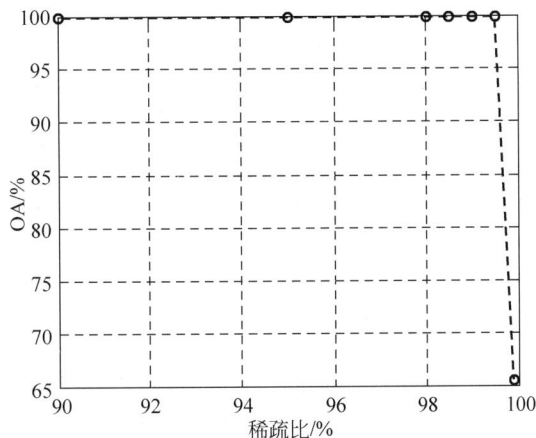

图 4-10　稀疏比变化时 S3LapSVM-KP 的性能

4.3　本章小结

为了进一步提高 HIC 的速度和精度,本章在空谱 LapSVM 的基础上,提出了一种稀疏
LapSVM 方法。通过耦合压缩感知一步式地得到的拓扑稀疏性,避免了对训练像素的过拟
合,降低了标记未知像素的计算成本。在 3 种基准高光谱影像上测试了稀疏 LapSVM 的性
能,结果表明,该方法能够在标记像素很少的情况下实现精确的分类,且性能优于相关方法。

参考文献

[1]　Hung C C, Kulkarni S, Kuo B C. A new weighted fuzzy c-means clustering algorithm for remotely
sensed image classification[J]. IEEE Journal of Selected Topics Signal Processing, 2011, 5(3):

543-553.

[2] Villa A, Benediktsson J A, Chanussot J, et al. Hyperspectral image classification with independent component discriminant analysis[J]. IEEE Transactions on Geoscience and Remote Sensing, 2011, 49(12): 4865-4876.

[3] Mianji F A, Zhang Y. Robust hyperspectral classification using relevance vector machine[J]. IEEE Transactions on Geoscience and Remote Sensing, 2011, 49(6): 2100-2112.

[4] Chapelle O, Scholkopf B, Zienn A. Semi-supervised learning[M]. London: MIT Press, 2006: 1-274.

[5] Li J, Dias J M B, Plaza A. Semi-supervised hyperspectral image classification using soft sparse multinomial logistic regression[J]. IEEE Geoscience and Remote Sensing Letters, 2013, 10(2): 318-322.

[6] Bruzzone L, Chi M, Marconcini M. A novel transductive SVM for semisupervised classification of remote sensing images[J]. IEEE Transactions on Geoscience and Remote Sensing, 2006, 44(11): 3363-3373.

[7] Gu Y F, Feng K. L1-graph semisupervised learning for hyperspectral image classification[C]. 2012 IEEE International Geoscience and Remote Sensing Symposium (IGARSS2012), Munich, Germany, 2012: 1401-1404.

[8] Belkin M, Niyogi P, Sindhwani V. Manifold regularization: a geometric framework for learning from labeled and unlabeled examples[J]. Journal of Machine Learning Research, 2006, 7: 2399-2434.

[9] Gomez-Chova L, Camps-Valls G, Muñoz-Mari J, et al. Semisupervised image classification with Laplacian support vector machines[J]. IEEE Geoscience and Remote Sensing Letters, 2008, 5(3): 336-340.

[10] Kim W, Crawford M M. Adaptive classification for hyperspectral image data using manifold regularization kernel machines [J]. IEEE Transactions on Geoscience and Remote Sensing, 2010, 48(11): 4110-4121.

[11] Rajadell O, García-Sevilla P, Pla F. Spectral-spatial pixel characterization using Gabor filters for hyperspectral image classification[J]. IEEE Geoscience and Remote Sensing Letters, 2013, 10(4): 860-864.

[12] Fauvel M, Tarabalka Y, Benediktsson J A, et al. Advances in spectral-spatial classification of hyperspectral images[J]. Proceedings of the IEEE, 2013, 101(3): 652-675.

[13] Tikhonov A N. Regularization of incorrectly posed problems[J]. Numerical Functional Analysis & Optimization, 1963, 21(4): 1624-1627.

[14] Scholkopf B, Smola A. Learning with kernels—support vector machines, regularization, optimization and beyond[M]. London: MIT Press, 2002.

[15] Melacci S, Belkin M. Laplacian support vector machines trained in the primal[J]. Journal of Machine Learning Research, 2011, 12(3): 1149-1184.

[16] Keerthi S S, Chapelle O, DeCoste D. Building support vector machines with reduced classifier complexity[J]. Journal of Machine Learning Research, 2006, 7: 1493-1515.

[17] Richards J A, Jia X. Remote sensing digital image analysis: an introduction[M]. 4th ed. New York: Springer-Verlag, 2006.

[18] Melgani F, Bruzzone L. Classification of hyperspectral remote sensing images with support vector machines[J]. IEEE Transactions on Geoscience and Remote Sensing, 2004, 42(8): 1778-1790.

[19] Ramzi P, Samadzadegan F, Reinartz P. Classification of hyperspectral data using an AdaBoostSVM technique applied on band clusters [J]. IEEE Journal of Selected Topics in Applied Earth

Observations and Remote Sensing,2014,7(6): 2066-2079.

[20] Zhong P,Wang R S. Learning conditional random fields for classification of hyperspectral images[J]. IEEE Transactions on Image Processing,2015,19(7): 1890-1907.

[21] Sun S J,Zhong P,Xiao H T,et al. Active learning with Gaussian process classifier for hyperspectral image classification[J]. IEEE Transactions on Geoscience and Remote Sensing, 2015, 53 (4): 1745-1760.

[22] Sun Z,Wang C,Li D L,et al. Semisupervised classification for hyperspectral imagery with transductive multiple-kernel learning[J]. IEEE Geoscience and Remote Sensing Letters,2014,11(11): 1991-1995.

[23] Gustavo C V, Tatyana V B M, Zhou D Y. Semi-supervised graph-based hyperspectral image classification[J]. IEEE Transactions on Geoscience and Remote Sensing,2007,45(10): 3044-3054.

[24] Camps-Valls G,Gomez-Chova L,Munoz-Mari J,et al. Composite kernels for hyperspectral image classification[J]. IEEE Geoscience and Remote Sensing Letters,2006,3(1) 1-5.

[25] Yang S Y,Qiao Y,Yang L,et al. Hyperspectral image classification based on relaxed clustering assumption and spatial Laplace regularizer[J]. IEEE Geoscience and Remote Sensing Letters,2014, 11(5): 901-905.

[26] Zhou Y C,Peng J T,Chen C L P. Extreme learning machine with composite kernels for hyperspectral image classification[J]. IEEE Journal of Selected Topics in Applied Earth Observations and Remote Sensing,2015,8(6): 2351-2360.

[27] Damodaran B B, Nidamanuri R R, Tarabalka Y. Dynamic ensemble selection approach for hyperspectral image classification with joint spectral and spatial information[J]. IEEE Journal of Selected Topics in Applied Earth Observations and Remote Sensing,2015,8(6): 2405-2417.

[28] Wang L G,Hao S Y,Wang Q M,et al. Semi-supervised classification for hyperspectral image based on spatial-spectral label propagation[J]. ISPRS Journal of Photogrammetry and Remote Sensing, 2014,97: 123-137.

[29] Wang L G,Yang Y S,Liu D F. Semisupervised classification for hyperspectral image based on spatial-spectral clustering[J]. Journal of Applied Remote Sensing,2015,9(1): 1-17.

[30] Ma L,Ma A D,Ju C,et al. Graph-based semi-supervised learning for spectral-spatial hyperspectral image classification[J]. Pattern Recognition Letters,2016,83(2): 133-142.

[31] Camps-Valls G,Gomez-Chova L,Calpe-Maravilla J. Robust support vector method for hyperspectral data classification and knowledge discovery[J]. IEEE Transactions on Geoscience and Remote Sensing,2004,42(7): 1530-1542.

[32] Li C H. An automatic method for selecting the parameter of the normalized kernel function to support vector machines[J]. Journal of Information Science and Engineering,2012,28: 1-15.

[33] Hsieh P J,Li C H,Kuo B C. A nonlinear feature selection method based on kernel separability measure for hyperspectral image classification[C]. IEEE Geoscience & Remote Sensing Symposium, Milan,Italy,2015: 461-464.

[34] Zhang X Y,Qiu D Y,Chen F A. Support vector machine with parameter optimization by a novel hybrid method and its application to fault diagnosis[J]. Neurocomputing,2015,149: 641-651.

[35] Yang J,Lee H,Kwak N. Kernel parameter selection by gap maximization between intra and inter-class samples[C]. 2016 International Conference on Big Data and Smart Computing (BigComp), Hong Kong,2016: 349-352.

[36] Zhang L,Zhou W D,Jiao L C. Wavelet support vector machine[J]. IEEE Transactions on Systems,

Man，and Cybernetics，Part B：Cybernetics，2004，34(1)：34-39.

[37] Hofmann T，Schölkopf B，Smola A J. Kernel methods in machine learning[J]. Annals of Statistics，2008，36(3)：1171-1220.

[38] Boughorbel S，Tarel J P，Boujemaa N. Conditionally positive definite kernels for SVM based image recognition[C]. IEEE International Conference on Multimedia & Expo，2005：113-116.

[39] Boughorbel S，Tarel J P，Boujemaa N. Generalized histogram intersection kernel for image recognition [C]. IEEE International Conference on Image Processing，2005：161-164.

[40] Zimmer V A. A framework for optimal kernel-based manifold embedding of medical image data[J]. Computerized Medical Imaging & Graphics the Official Journal of the Computerized Medical Imaging Society，2015，41：93-107.

[41] Zhang Z H，Kwok J T，Yeung D Y. Model-based transductive learning of the kernel matrix[J]. Machine Learning，2006，63(1)：69-101.

[42] Hu E，Chen S，Zhang D，et al. Semisupervised kernel matrix learning by kernel propagation[J]. IEEE Transactions on Neural Networks，2010，21(11)：1831-1841.

[43] Elad M. Sparse and redundant representations——from theory to applications in signal and image processing. New York：Springer，2010.

[44] Shewchuk J R. An introduction to the conjugate gradient method without the agonizing pain[R]. School of Computer Science，Carnegie Mellon University，Pittsburgh，PA，USA，CMU-CS-94-125，1994.

[45] Tropp J A，Gilbert A C，Strauss M J. Algorithms for simultaneous sparse approximation. Part I：Greedy pursuit[J]. Signal Processing，2006，86(3)：572-588.

[46] Yang J，Bouzerdoum A，Phung S. A training algorithm for sparse LS-SVM using compressive sampling[C]. IEEE International Conference on Acoustics Speech & Signal Processing，Dallas，TX，USA，2010：2054-2057.

[47] Yang L X，Yang S Y，Jin P L，et al. Semi-supervised hyperspectral image classification using spatio-spectral Laplacian support vector machine[J]. IEEE Geoscience and Remote Sensing Letters，2014，11(3)：651-655.

[48] Borchers B. CSDP，a C library for semidefinite programming[J]. Optimization Methods & Software，1999，11(1-4)：613-623.

第 5 章

基于张量稀疏编码的

高光谱影像分类

张量表示是保持高光谱影像结构信息的最自然有效的方法,因此对高光谱影像处理非常有利。通过利用高光谱像素的张量形式,我们提出了两种张量稀疏编码模型,它们尽可能多地保留了像素及其空间近邻的原始空间约束。在此基础上,本章介绍了 3 种用于 HIC 的张量稀疏编码分类器:具有空间近邻张量的混合概率稀疏编码分类器(Hybrid Probabilistic Sparse Coding based Classifier with Spatial Neighbor Tensor,HPSCC-SNT)、伴随压缩维数约简的切片稀疏编码张量分类器(Slice Sparse Coding Tensor based Classifier with Compressive Dimensionality Reduction,SSCTC-CDR)和基于核张量切片稀疏编码的分类器(Kernel Tensor Slice Sparse Coding-based Classifier,KTSSCC)。在真实的高光谱影像数据集上评估它们的性能,结果表明,它们可以用少量的标记样本实现精确的 HIC 结果。

5.1 基于 HPSCC-SNT 的高光谱影像分类

5.1.1 引言

高光谱成像传感器的发展催生了许多光谱分辨率不断提高的高光谱影像,它们可在各种不同的应用中区分相似的地物[1-4]。因此,HIC 已成为高光谱影像处理领域的研究热点,其目标是将影像中的像素划分到特定的类别。在过去十年中,许多机器学习方法已被用于监督 HIC[5-6]。但是,精确的 HIC 总是需要大量的标记像素[7]。因此,需要探索一些高光谱影像的先验信息以改进分类结果,它们主要可以分为两类。

(1)空间齐次性先验:可以发现,空间相邻像素很可能属于同一个类别。受此启发,一些空谱方法被提出以改进 HIC 的精确性[7,9]。

(2)光谱相似性先验:半监督 HIC 方法也被提出以利用未标记像素的光谱相似性先验[10-14]。例如,Ji 等提出了一种半监督空谱约束 HIC 方法[14]。为了在光谱域和空间域同时模拟像素之间的距离,该方法构建了两个超图,其中每个超边连接不同空间中的一组像素。然后,这两个超图被结合起来以生成一个联合超图拉普拉斯算子,这导致了高分类精度,但计算成本非常高[14]。

除了这些方法,SCC 也是一个有吸引力的 HIC 模型[15]。SCC 是一个自适应学习测试样本稀疏编码,用于区分样本的无参数模型。在稀疏编码过程中,稀疏系数/编码在每个类别的样本所属的子空间之间存在隐式的竞争。因此,系数具有良好的判别性。

最近,一些借由探索高光谱影像的空间同质性和光谱相似性先验改进 SCC 的方法被提出。例如,为了处理 HIC 的线性不可分问题,Liu 等提出了一个新的空谱核稀疏编码分类器(Kernel Sparse Coding based Classifier,KSCC)框架,该框架通过核特征空间中的邻域滤波(Neighborhood Filtering,NF)度量空间相似性[16]。由于核方法和空谱信息的结合,KSCC-NF 可以在有很少标记像素可用时,比最先进的方法获得更高的 HIC 精度。

另外,通过在 SCC 中添加相邻像素的空间信息,Chen 等提出了联合稀疏编码分类器(Jointly SCC,JSCC)[17]。在 JSCC 中,空间近邻像素的光谱值被放在一起计算每个像素在预排序的训练样本构成的字典下的稀疏编码。该方法比传统的逐像素法有更好的结果,并且达到了当时最高的分类精度。然后,JSCC 的各种改进版本被提出以改进分类精度[18-21]、稳健性和速度[22]。

此外,联合稀疏编码(Jointly Sparse Coding,JSC)还被用于光谱图像解混以作为 HIC 的前端。为了更好地对高光谱影像解混,Soltani-Farani 对 JSC 提出了两种改进方法:空间加权稀疏编码(Spatially Weighted Sparse Coding,SWSC)[25]和空间感知字典学习[26]。后续分类是通过稀疏编码上的一个线性支持向量机来实现的。这种两步式 HIC 方法被证明分类精度是非常高的[25-26]。

尽管 JSCC 的上述改进已被证明在一定程度上提高了分类精度或速度,但是它们都假设近邻像素在对中心测试像素进行分类时做出同等贡献。然而,这个假设是无效的,因为在异质区域,尤其是图像边缘周围的空间邻域,高光谱像素通常由不同的材料组成。为了解决这个问题,Zhang 等提出了一种用于 HIC 的非局部加权联合稀疏表示分类(Nonlocal Weighted Joint Sparse Representation Classification,NLW-JSRC)方法[27],通过结合空间结构信息挖掘相邻像素对中心测试像素进行分类的不同贡献。应该注意的是,这些非局部权重是由一个分段函数计算的。在这个函数中,要确定涉及两个分区节点和一个调整因子在内的参数。这是一个乏味且艰难的工作。因此,需要开发一个简单的方法在对中心测试像素进行分类时区分不同的近邻像素。

另外,可以观察到处于不同位置的近邻像素在预测中心测试像素的标签中扮演不同的角色。因此,在用于 HIC 的高光谱影像表示中应保留这些近邻像素的空间位置排列。为了实现该目标,受基于张量的高光谱影像处理的成功工作的启发[28-31],提出了用于表示高光谱像素及其空间近邻的张量表示方案。对于每个测试像素,一个以该像素为中心的小空间邻域被获取,然后根据这些相邻像素的空间位置来排列它们的光谱特征,从而构建一个空间近邻张量(Spatial Neighbor Tensor,SNT)。因为属于同一类像素的光谱特征大致位于同一低维子空间中,所以假设给定空间邻域中的像素能被一些共同的训练样本稀疏地表示[17]。因此,对于给定的 SNT,可以获得一个相关的稀疏编码张量,该张量被假设对于空间邻域中的所有像素相对于预排序的训练样本所组成的字典是同时稀疏的。此外,稀疏编码张量可以隐式地编码高光谱像素的类信息。

为了有效地预测某个像素的标签,其相关的稀疏编码张量的非零元素被期望能集中于同一类训练样本所对应的位置。但由于高光谱影像传感器的高光谱分辨率和有限空间分辨率,单个像素很可能由不同类型的成分组成,因此称其为混合像素[32]。每个混合像素可能被来自不同类别的训练样本稀疏地表示,因此能量不能集中到与混合像素属于同一类的样本上,从而标记该像素的不确定性变大。为缓解高光谱影像中广泛存在的混合像素的影响,我们构造一个正则化项,最大化稀疏编码张量的似然,以减少标记这个混合像素的不确定性。通过结合张量稀疏编码与最大似然估计,本节提出了一种带有 SNT 的混合概率 SCC (Hybrid Probabilistic SCC with SNT,HPSCC-SNT),这使得像素能够被属于同一类的训练样本很好地表示。因此,可以获得一个稳健且精确的 HIC。

相较于现有的 HIC 方法,HPSCC-SNT 具有以下特点。

(1) 利用高光谱像素的张量结构信息,HPSCC-SNT 所提出的张量公式可以尽可能多地保留给定像素及其空间近邻的原始空间约束。因此,HPSCC-SNT 在 HIC 中的表现令人满意。

(2) 与不考虑高光谱像素后验类概率的 SCC 相比,我们所提出的 HPSCC-SNT 最大化在后验类概率上定义的稀疏编码张量的似然,这使得空间邻域中的像素可以由属于同一类的训练样本很好地表示,从而降低由混合像素产生的 HIC 的不确定性。

(3) 与以前严格假设高光谱影像概率分布的生成模型不同,HPSCC-SNT 不需要知道高光谱像素的概率分布模式,而是自适应地学习每个高光谱像素后验类概率。

5.1.2　具有空间近邻张量的混合概率稀疏编码分类器

本节在介绍 HPSCC-SNT 之前,简要介绍了张量代数和两个相关的 SCC,详细内容参见文献[15,17,33]。

1. 张量代数预备知识

张量可以表示为数值的多维数组[33]。给定一个张量 $\underline{X} \in \Re^{I_1 \times I_2 \times \cdots \times I_N}$($N$ 是张量的阶),这里简单介绍一些张量的预备知识①。

(1) 张量 $\underline{X}$ 的 d 模态展开向量可以通过在变换索引 i_d 的同时固定其余索引而获得。

(2) 将所有 d 模态向量排列为矩阵的列,得到 d 模态展开矩阵 $X_{(d)} \in \Re^{I_d \times I_1 I_2 \cdots I_{d-1} I_{d+1} \cdots I_N}$。

---

① 本章中为了区分张量与矩阵,特将张量的表示方式设为黑斜体加下画线。

（3）张量 $\underline{X}$ 与矩阵 $U \in \Re^{J \times I_d}$ 的 d 模态积为

$$\underline{Z} = (\underline{X} \times_d U) \in \Re^{I_1 \times I_2 \times \cdots \times I_{d-1} \times J \times I_{d+1} \times \cdots \times I_N}$$

它的每个元素为

$$z_{i_1 \cdots i_{d-1} j i_{d+1} \cdots i_N} = \sum_{i_d=1}^{I_d} x_{i_1 i_2 \cdots i_N} u_{j i_d}$$

（4）张量 $\underline{X}$ 的 Frobenius 范数为

$$\| \underline{X} \|_F = \sqrt{\sum_{i_1=1}^{I_1} \cdots \sum_{i_N=1}^{I_N} x_{i_1 i_2 \cdots i_N}^2}$$

2. 相关的稀疏编码分类器

假设属于同一类的高光谱像素的光谱特征总是位于相同的低维子空间。因此，一个未知的具有 B 个谱带的测试像素 $x \in \Re^B$ 可以被稀疏表示为训练样本的线性组合

$$x = D\alpha$$

其中，$D = [x_1 \; x_2 \cdots x_L] \in \Re^{B \times L}$ 是一个由每类中所有训练样本构成的结构化字典；$\alpha \in \Re^N$ 是一个未知的稀疏向量。对于字典 D，满足 $x = D\alpha$ 的向量 α 可以通过求解下面的优化问题得到：

$$\hat{\alpha} = \arg \min \| x - D\alpha \|_2$$

$$\text{s.t.} \quad \| \alpha \|_0 \leqslant S$$

其中，K 是一个预先设定的稀疏性水平上限。这是一个 NP-hard 问题，但是可以通过正交匹配追踪（Orthogonal Matching Pursuit，OMP）[34] 或子空间追踪（Subspace Pursuit，SP）[35] 算法近似求解。样本 x 属于能用最小残差表示它的类。

$$\text{Class}(x) = \arg \min_{c=1,2,\cdots,C} \| x - D_c \hat{\alpha}_c \|_2$$

其中，D_c 是列为第 c 类训练样本的子字典，$\hat{\alpha}_c$ 由 $\hat{\alpha}$ 中对应子字典 D_c 的元素构成。

值得注意的是，在一个小空间邻域内的像素很可能属于同一类。因此，它们的光谱特征高度相关。这些空间相关性可以通过假设与这些像素相关联的底层稀疏向量共享共同的稀疏模式来合并 SCC 得到 JSCC 模型[17]。令 $\underline{X} = [x_1 \; x_2 \cdots x_{T^2}]$ 是一个 $B \times T^2$ 的矩阵，其列为在高光谱影像中 x_1 的空间邻域中的像素。在 JSCC 中，这些像素可以表示为

$$\underline{X} = [x_1 \; x_2 \cdots x_{T^2}] = [D\alpha_1 \; D\alpha_2 \cdots D\alpha_{T^2}] = D \underbrace{[\alpha_1 \; \alpha_2 \cdots \alpha_{T^2}]}_{A} = DA$$

每个稀疏向量 $\{\alpha_t\}_{t=1,2,\cdots,T^2}$ 的支撑 Λ（非零元素的索引）是相同的，因此，矩阵 A 只有 $|\Lambda|$ 个非零行。行稀疏矩阵 A 可以通过求解下面的优化问题得到

$$\hat{A} = \arg\min \| X - DA \|_F$$

$$\text{s.t.} \quad \| A \|_{\text{row},0} \leqslant S$$

其中，$\|\boldsymbol{A}\|_{\mathrm{row},0}$ 表示矩阵 $\boldsymbol{A}$ 的非零行数目；$\|\cdot\|_{\mathrm{F}}$ 是 Frobenius 范数。这个 NP-hard 问题可以用协同正交匹配追踪(Simultaneous OMP，SOMP)[17] 或协同子空间追踪(Simultaneous SP，SSP)[36] 来近似求解。$\boldsymbol{x}_1$ 的类标由下面的公式确定：

$$\mathrm{Class}(\boldsymbol{x}_1) = \arg \min_{c=1,2,\cdots,C} \|\underline{\boldsymbol{X}} - \boldsymbol{D}\hat{\boldsymbol{A}}_c\|_{\mathrm{F}}$$

其中，$\hat{\boldsymbol{A}}_c$ 由 $\hat{\boldsymbol{A}}$ 中 $\boldsymbol{D}_c$ 的那些关联行构成。

3. HPSCC-SNT

虽然用于 HIC 的 JSCC 通过将光谱信息与空间信息相结合提高了分类精度，但其中仍然存在两个问题。

(1) 忽略了测试像素与其空间近邻像素之间空间关系的不同。因此，所有相邻像素都被认为对中心测试像素分类具有相同的贡献。

(2) 每个混合像素很可能由来自不同类别的训练样本稀疏表示，因此，能量不能集中于混合像素所属于的同类像素，标记该像素的不确定性变大。例如，由像素 $\boldsymbol{x}_1$、$\boldsymbol{x}_2$、$\boldsymbol{x}_3$、$\boldsymbol{x}_4$（$\boldsymbol{x}_i$ 属于第 i 类）按照 $0.2:0.3:0.3:0.2$ 的比例混合而成的一个混合像元 $\boldsymbol{x}$，可能被稀疏表示为

$$0.1298\boldsymbol{x}_1 + 0.7253\boldsymbol{x}_2 + 0.3051\boldsymbol{x}_3 - 0.1844\boldsymbol{x}_4$$

也可能被稀疏表示为

$$0.0575\boldsymbol{x}_1 + 0.3157\boldsymbol{x}_2 + 0.7138\boldsymbol{x}_3 - 0.11126\boldsymbol{x}_4$$

为了解决第一个问题，一个张量表示机制被提出以表示每个空间像素及其空间近邻。对于一个指定的未知像素 $\boldsymbol{x} \in \mathfrak{R}^B$ 选择一个以像素 $\boldsymbol{x}$ 为中心的 $T \times T$ 大小的局部空间小窗，并按照空间位置排列中心像素及其空间近邻的光谱特征，从而生成一个空间近邻张量 $\underline{\boldsymbol{X}} \in \mathfrak{R}^{T \times T \times B}$。张量 $\underline{\boldsymbol{X}}$ 可以被训练样本稀疏表示，相应的稀疏编码张量 $\underline{\boldsymbol{A}} \in \mathfrak{R}^{T \times T \times L}$ 可以由式(5-1)的优化函数学习得到

$$\min_{\underline{\boldsymbol{A}}} \|\underline{\boldsymbol{X}} - \underline{\boldsymbol{A}} \times_3 \boldsymbol{D}\|_{\mathrm{F}} + \lambda \|\underline{\boldsymbol{A}}\|_{2,2,1} \tag{5-1}$$

其中，$\|\underline{\boldsymbol{X}} - \underline{\boldsymbol{A}} \times_3 \boldsymbol{D}\|_{\mathrm{F}}$ 是重构误差；λ 是非负正则参数，正则项

$$\|\underline{\boldsymbol{A}}\|_{2,2,1} = \sum_{k=1}^{N} \sqrt{\sum_{j=1}^{T} \left(\sqrt{\sum_{i=1}^{T} a_{ijk}^2}\right)^2}$$

保证了 $\underline{\boldsymbol{A}}$ 的 3 模态向量所共享的稀疏模式关于字典 $\boldsymbol{D}$ 中的原子是协同稀疏的。

对于高光谱影像中导致第二个问题的混合像元，尽管它不能被属于同一类的样本表示，但可以最大化稀疏编码张量 $\underline{\boldsymbol{A}}$ 的似然以限制标记混合像元的不确定性。为了符号化 $\underline{\boldsymbol{A}}$ 的似然，把后验类概率建模为

$$P(y=c \mid \underline{\boldsymbol{A}}, \boldsymbol{D}) = \frac{\exp(-\|\underline{\boldsymbol{A}}_c \times_3 \boldsymbol{D}_c\|_{\mathrm{F}}^2)}{\exp(-\|\underline{\boldsymbol{A}} \times_3 \boldsymbol{D}\|_{\mathrm{F}}^2)}, \quad c=1,2,\cdots,C$$

其中，$\underline{A}_c$ 由 $\underline{A}$ 的 3 模态向量中那些对应子字典 D_c 的向量构成。因此 $\underline{A}$ 的非负对数似然函数可以被表示为

$$l(\underline{A}) = -\ln \prod_{c=1}^{C} P(y=c \mid \underline{A}, D) = \sum_{k=1}^{c} \| \underline{A}_c \times_3 D_c \|_F^2 - C \| \underline{A} \times_3 D \|_F^2 \qquad (5\text{-}2)$$

通过式(5-1)的优化目标函数和式(5-2)的非负对数似然函数，一个混合概率张量稀疏编码模型可以符号化为

$$\min_{\underline{A}} \| \underline{X} - \underline{A} \times_3 D \|_F + \lambda \| \underline{A} \|_{2,2,1} + \mu l(\underline{A})$$

$$= \min_{\underline{A}} \| \underline{X} - \underline{A} \times_3 D \|_F + \lambda \sum_{k=1}^{L} \sqrt{\sum_{j=1}^{T} \left(\sqrt{\sum_{i=1}^{T} \alpha_{ijk}^2} \right)} + \mu \left(\sum_{c=1}^{C} \| \underline{A}_c \times_3 D_c \|_F^2 - C \| \underline{A} \times_3 D \|_F^2 \right)$$

$$(5\text{-}3)$$

其中，μ 是非负正则参数。在上面的优化问题中，与空间近邻张量相关的稀疏编码张量 $\underline{A}$ 可以隐式编码类信息，因此可以通过求解式(5-3)所示的优化问题得到一个 HPSCC-SNT。

根据张量代数运算，式(5-3)所示的优化问题表示的稀疏编码张量 $\underline{A}$ 等价于获得一个最小化的矩阵 $A_{(3)}$：

$$O = \| X_{(3)} - DA_{(3)} \|_F^2 + \lambda \operatorname{Tr}(A_{(3)} S A_{(3)}^T) + \mu \left(\sum_{c=1}^{C} \| DI_c A_{(3)} \|_F^2 - C \| DA_{(3)} \|_F^2 \right)$$

$$(5\text{-}4)$$

其中，S 是一个 $L \times L$ 的对角矩阵，它的对角元素

$$S_{uu} = \frac{1}{2 \| a^u \|_2} + \sigma$$

其中，a^u 是 $A_{(3)}$ 的第 u 行；σ 是一个很小的常数；I_c 是一个对角矩阵，它仅在第 c 类原子对应的行中的对角元素为 1，其他元素值均为 0。为了简化公式，分别记矩阵 $X_{(3)}$ 和 $A_{(3)}$ 为 X 和 A，式(5-4)可以表示为

$$O = \| X - DA \|_F^2 + \lambda \operatorname{Tr}(ASA^T) + \mu \left(\sum_{c=1}^{C} \| DI_c A \|_F^2 - C \| DA \|_F^2 \right) \qquad (5\text{-}5)$$

设 O 关于 A 的偏导数

$$\frac{\partial O}{\partial A} = D^T DA - D^T X + 2\lambda SA + \mu \sum_{c=1}^{C} (DI_c)^T (DI_c) A - \mu C D^T DA$$

为零，得到

$$A = \left(D^T D - \mu C D^T D + 2\lambda S + \mu \sum_{c=1}^{C} (DI_c)^T (DI_c) \right)^{-1} D^T X \qquad (5\text{-}6)$$

在式(5-6)中，矩阵 A 被表示为包含 S 在内的一些矩阵的代数运算，同时，矩阵 S 又与矩阵 A

相关。因此式(5-6)需要被交替求解。一旦求得 A,对于给定的测试像素 x,空间近邻张量 $\underline{X}$ 和第 c 类训练样本的拟合值之间的残差 $r_c(\underline{X})$ 为

$$r_c(\underline{X}) = \| \underline{X} - \hat{\underline{A}}_c \times_3 D_c \|_F = \| X - D_c \hat{A}_c \|_F$$

其中,$\hat{\underline{A}}_c$ 由 $\hat{\underline{A}}$ 中属于第 c 类的训练样本所关联的行构成,然后可以用

$$\text{Class}(x) = \arg \min_{c=1,2,\cdots,C} r_c(\underline{X})$$

预测 x 的类标。用迭代算法求解 HPSCC-SNT 的具体步骤如算法 5-1 所示。

算法 5-1:用于 HIC 的 HPSCC-SNT

输入:一幅具有 L 个标记高光谱向量 $\{(x_i, y_i), i=1,2,\cdots,L\}(d_i \in \Re^B)$ 和 u 个未标记高光谱向量 $\{x_u \in \Re^B, u=1,2,\cdots,U\}$ 的高光谱影像,正则参数 λ 和 μ,最大迭代次数 J,容差 ε。

输出:高光谱影像 I 的标记。

第 1 部分:对每个未标记像素 x_u,计算稀疏编码张量 $\underline{A} \in \Re^{T \times T \times L}$ 的 3 模态展开矩阵。

步骤 1.1:构造空间近邻张量 $\underline{X}_u \in \Re^{T \times T \times B}$ 和它的 d 模态展开矩阵 X;

步骤 1.2:构造字典矩阵 $D = [x_1 \ x_2 \cdots x_L] \in \Re^{B \times L}$ 和对角矩阵 I_c;

步骤 1.3:设 $j=0$,S_0 为单位矩阵,初始化 A;

步骤 1.4:当 $j \leqslant J$ 且 $|O_{j-1} - O_j|/|O_{j-1}| \geqslant \varepsilon$ 时,执行

(1) 计算 $O_j = \| X - DA_j \|_F^2 + \lambda \text{Tr}(A_j S_j A_j^T) + \mu \left(\sum_{c=1}^{C} \| DI_c A_j \|_F^2 - C \| DA_j \|_F^2 \right)$;

(2) 计算 $A_{j+1} = \left(D^T D - \mu C D^T D + 2\lambda S_j + \mu \sum_{c=1}^{C} (DI_c)^T (DI_c) \right)^{-1} D^T X$;

(3) 计算 $S_{j+1} = \begin{pmatrix} \dfrac{1}{2 \| a_{j+1}^1 \|_2} & & \\ & \ddots & \\ & & \dfrac{1}{2 \| a_{j+1}^L \|_2} \end{pmatrix}$;

(4) $j = j+1$;

结束循环。

第 2 部分:预测 $x_u (u=1,2,\cdots,U)$ 的类标。

步骤 2.1:计算残差 $r_c(\underline{X}_u) = \| X - D_c \hat{\underline{A}}_c \|_F (c=1,2,\cdots,C)$;

步骤 2.2:根据 $y_u = \arg \min_{c=1,2,\cdots,C} r_c(\underline{X}_u)$ 预测 x_u 的类标。

5.1.3　实验结果与分析

本节将研究通过优化函数式(5-1)得到的 SCC-SNT 和 HPSCC-SNT 的性能,并与以下相关方法比较:

(1) SCC[15];

(2) SVM[5];

(3) 复合核 SVM(Composite Kernel SVM,CK-SVM)[8];

(4) JSCC[17];

(5) SWSC()是在分类之前对特征进行空间平滑的方法[25];

(6) 光谱纹理字典学习(Spectral-Contextual Dictionary Learning,SCDL)[26];

(7) KSCC-NF[16];

(8) NLW-JSRC[27];

(9) 具有空间约束和超边权重(Hyperedge Weight,HG-W)学习的超图分析[14]。

SCC、SVM、SWSC、SCDL 的代码分别参考文献[37-40]下载。针对不同算法的所有仿真都在 MATLAB 7.10.0(R2010a)环境下进行(其中运行主机的主要指标包括四核处理器 Core2Quad、2.99GHz CPU、1.95GB RAM)。在 Indian Pines、Pavia University 和 KSC 这 3 个公测高光谱影像数据集上评估所提出的方法的性能。

1. 算法性能分析

1) Indian Pines 上的性能分析

在该实验中,从 Indian Pines 中每类随机选取 40 个样本作为训练样本,如图 5-1(b)所示;其余样本为测试样本,如图 5-1(c)所示。在 SCC 中,稀疏性水平 S 设置为 5。在 JSCC 中,稀疏性水平 K 和空间邻域宽度 T 遵循[17]中的设置,分别设置为 25 和 9。在 SCC-SNT 和 HPSCC-SNT 中,最大迭代次数 J 分别设置为 25 和 5,空间邻域宽度 T 分别设置为 9 和 7。SCC-SNT 和 HPSCC-SNT 中的容差 ε 均设置为 0.01。此外,SCC-SNT 和 HPSCC-SNT 中的正则化参数 λ 和 μ 通过在 $\{10^t\}_{t=-8}^{-2}$ 范围内的 5 折交叉验证进行调节。SWSC 和 SCDL 的参数设置与文献[25]以及文献[26]推荐的参数设置相同。对于 CK-SVM,使用谱核和空间核的加权求和核。SVM 的参数(径向基函数核参数 γ、正则化参数 C 和复合内核权重 μ)通过交叉验证获得。对于 SVM 和 CK-SVM,采用一对一策略解决多分类问题。SCC、SVM、CK-SVM、JSCC、SWSC、SCDL、SCC-SNT 和 HPSCC-SNT 的视觉分类图分别如图 5-1(d)~图 5-1(k)所示,同时给出了这 8 种方法对应的整体精度[41]。

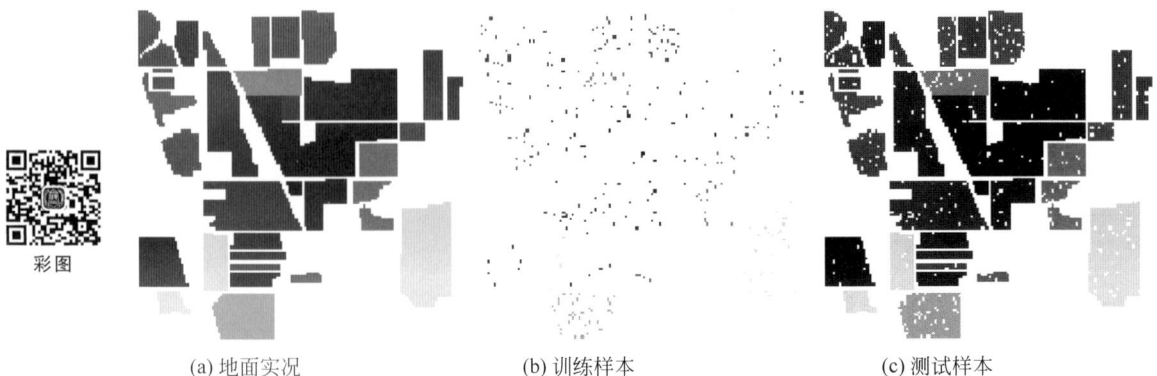

彩图

(a) 地面实况　　　　　　(b) 训练样本　　　　　　(c) 测试样本

图 5-1　不同算法在 Indian Pines 数据集上的分类图

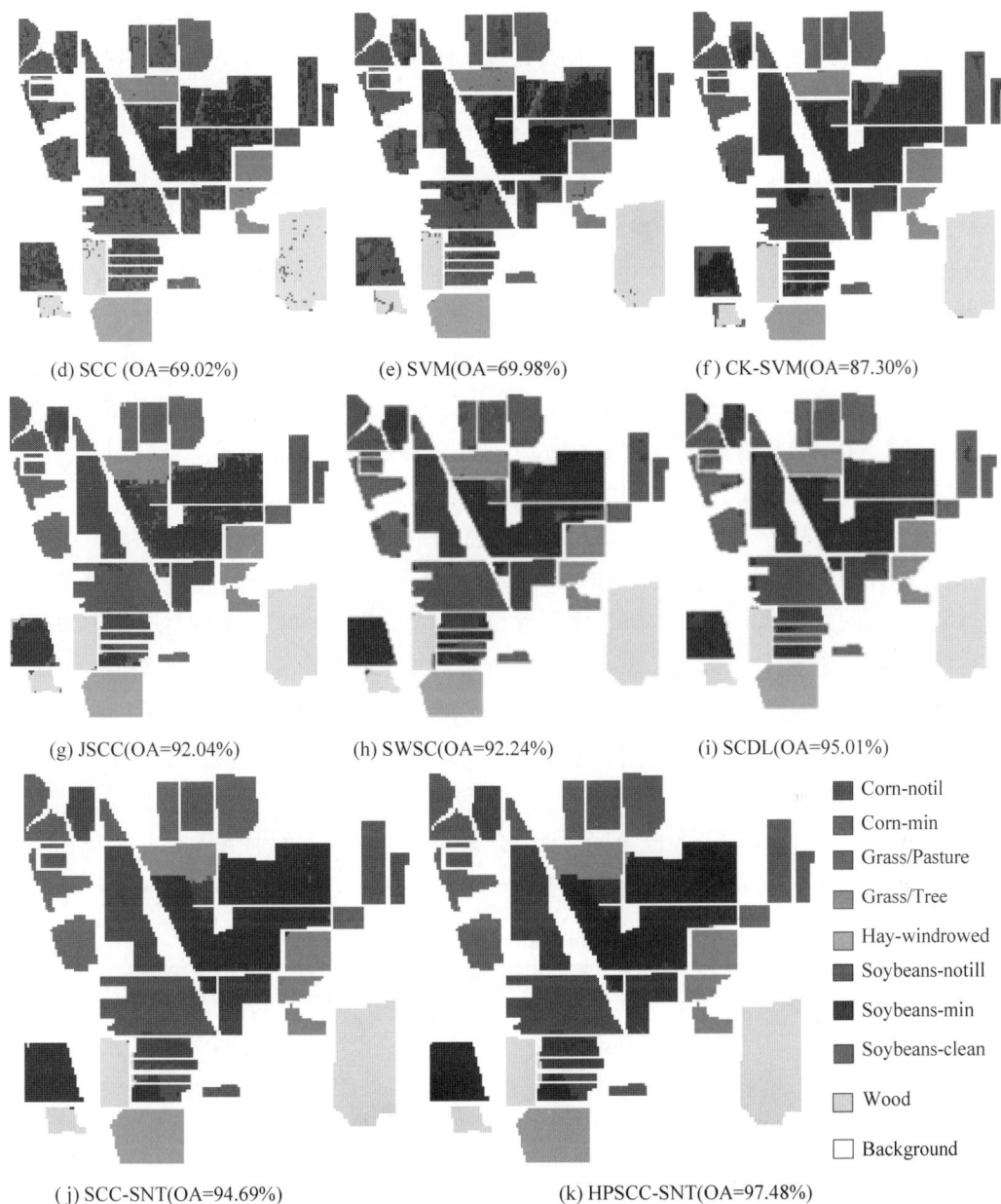

(d) SCC (OA=69.02%)　　　　(e) SVM(OA=69.98%)　　　　(f) CK-SVM(OA=87.30%)

(g) JSCC(OA=92.04%)　　　　(h) SWSC(OA=92.24%)　　　　(i) SCDL(OA=95.01%)

(j) SCC-SNT(OA=94.69%)　　　　(k) HPSCC-SNT(OA=97.48%)

- Corn-notil
- Corn-min
- Grass/Pasture
- Grass/Tree
- Hay-windrowed
- Soybeans-notill
- Soybeans-min
- Soybeans-clean
- Wood
- Background

图 5-1 （续）

可以从图 5-1(d)～图 5-1(k)中获得视觉印象,相较于对比方法,SCC-SNT 和 HPSCC-SNT 具有更好的分类结果,比其他比较方法具有更好的空间同质性。同时,SCC-SNT 可以避免大多数其他方法出现的椒盐误分类,这可能得益于张量编码机制可以很好地表示高光谱影像固有的空谱结构。此外,HPSCC-SNT 避免了 SCC-SNT 的其余椒盐误分类。HPSCC-

SNT 正确分类被 SCC-SNT 误分类为相似类别的像素(例如,误分类为 Soybeans-notill 类的 Corn-notill 像素),原因可能是 HPSCC-SNT 通过最大化稀疏编码张量的似然性来减轻混合像素对 HIC 的负面影响。从图 5-1(j)和图 5-1(k)可以看出,被 SCC-SNT 和 HPSCC-SNT 误分类的像素几乎都接近类边界,主要原因可能是为了方便 SCC-SNT 和 HPSCC-SNT 中的张量代数运算,一些 SNT 包含与中心测试像素不属于同一类的邻近边界样本。这些样本为对判别中心测试像素产生了负面影响。

为了定量研究 SCC-SNT 和 HPSCC-SNT 的性能,在相同的实验条件下进行了 20 组独立的实验并报告平均结果。每个类别的精度、整体精度和 Kappa 系数[41]被用来衡量这些算法(即 KSCC-NF 和上一个实验中涉及的 8 种算法)的有效性,并在表 5-1 中给出了结果。还报道了整体精度和 Kappa 系数的标准差。SVM、CK-SVM 和 KSCC-NF 的实验结果直接使用文献[16]中的结果,每行的粗体值表示 9 种方法中最好的结果。

从表 5-1 中,明显可以看出我们的方法相比于其他方法分类精度提高了。HPSCC-SNT 的整体精度平均值接近 97%。HPSCC-SNT 的整体精度和 Kappa 系数在这些算法之中是最高的。此外,对于大多数类别,HPSCC-SNT 的精度是 9 种方法中最高的。SCC-SNT 的精度略低于 KSCC-NF,后者是一种非线性方法。但是,SCC-SNT 的精度优于其他所有方法。这进一步表明 HIC 可以得益于张量编码机制。除了较高的分类精度平均值,从表 5-1 还可以看出,HPSCC-SNT 所得到的分类精度的标准差也很令人满意。HPSCC-SNT 的整体精度和 Kappa 系数的标准差分别低于 0.53% 和 0.006%。这些结果表明 HPSCC-SNT 可以提高 HIC 的稳健性。原因是 HPSCC-SNT 最大化定义在后验类概率上的张量稀疏编码的似然,这使得空间邻域中的像素可以很好地通过属于同一类的训练样本表示,因此减轻了混合像素导致的 HIC 的不确定性。

表 5-1 不同算法在 Indian Pines 数据集上的分类精度/%

类别	SCC	SVM	CK-SVM	JSCC	SWSC	SCDL	KSCC-NF	SCC-SNT	HPSCC-SNT
1	53.13	61.05	78.34	91.62	88.92	87.53	**97.34**	92.06	96.92
2	60.31	73.90	88.92	93.64	89.46	92.43	87.27	93.70	**99.03**
3	91.51	92.12	97.59	97.02	98.27	97.70	**99.78**	97.81	97.45
4	97.02	98.16	98.16	98.88	99.34	99.22	99.85	99.10	**100.0**
5	99.62	98.22	100.0	99.82	99.98	**100.0**	99.55	99.70	**100.0**
6	68.00	70.47	85.56	89.55	90.85	92.38	94.39	94.29	**96.80**
7	54.81	55.72	74.51	79.97	82.68	86.35	**97.03**	85.94	92.42
8	64.65	77.35	94.08	94.97	89.69	88.90	96.51	98.43	**99.59**
9	96.48	93.22	97.61	99.51	99.51	99.73	99.92	99.71	**100.0**
OA	70.27 ±0.94	73.60	86.29	91.01 ±1.03	90.86 ±1.62	92.00 ±1.28	96.80	93.49 ±1.05	**96.90 ±0.53**
Kappa	0.656 ±0.010	0.695	0.840	0.895 ±0.012	0.871 ±0.019	0.886 ±0.015	0.962	0.924 ±0.012	**0.964 ±0.006**

表 5-2 显示了 SCC、JSCC、SWSC、SCDL、SCC-SNT 和 HPSCC-SNT 算法的运行时间。可以发现与使用空间信息的其他方法相比,单像素方法(即 SCC)要快得多。然后,由于 SCDL 的并行计算,它消耗的时间是其余方法中最少的。并且 SWSC 也因为实验图像被分成了不重叠的要处理的图像补丁而使用很少的时间。而 SCC-SNT 及 HPSCC-SNT 的计算时间都很长。应当指出的是,对于 Indian Pines 数据集,HPSCC-SNT 比 SCC-SNT 所需的时间更少,因为 HPSCC-SNT 用更少的迭代次数可以达到令人满意的性能。

表 5-2 不同算法在 Indian Pines 数据集上的速度

算法	SCC	JSCC	SWSC	SCDL	SCC-SNT	HPSCC-SNT
时间/s	15.49	1755.84	336.73	243.72	5490.41	4862.08

2)Pavia University 上的性能分析

在该实验中,Pavia University 数据集被随机地分成两部分:一部分包含每类 40 个样本,作为训练集,如图 5-2(b)所示;另一部分是测试集。遵循文献[17]中的实验设置,JSCC 中的稀疏性水平 S 和空间邻域宽度 T 分别设置为 10 和 3。SCC-SNT 和 HPSCC-SNT 中的最大迭代次数 J 分别设置为 10 和 5。SCC-SNT 和 HPSCC-SNT 中的空间邻域宽度 T 均设置为 5。分别在图 5-2(d)~图 5-2(k)中展示了 SCC、SVM、CK-SVM、JSCC、SWSC、SCDL、SCC-SNT 和 HPSCC-SNT 在 Pavia University 数据集上进行评估的分类图和相应的整体精度。从图 5-2(d)、图 5-2(g)、图 5-2(j)和图 5-2(k)可以看出,由 SCC 和 JSCC 引起的大同质区域和小同质区域的误分类均能被 SCC-SNT 和 HPSCC-SNT 有效改善。这表明在 SCC-SNT 和 HPSCC-SNT 中利用的张量结构信息可以有效提高高空间分辨率高光谱影像中的分类性能。不过,从图 5-2(e)、图 5-2(f)和图 5-2(h)~图 5-2(k)可以发现,虽然 SCC-SNT 和 HPSCC-SNT 可以很好地对大的同质区域进行分类,但它们在很多小的同质区域的分类结果比非线性方法(SVM、CK-SVM)和非线性分类器(SWSC 和 SCDL)的结果差很多。

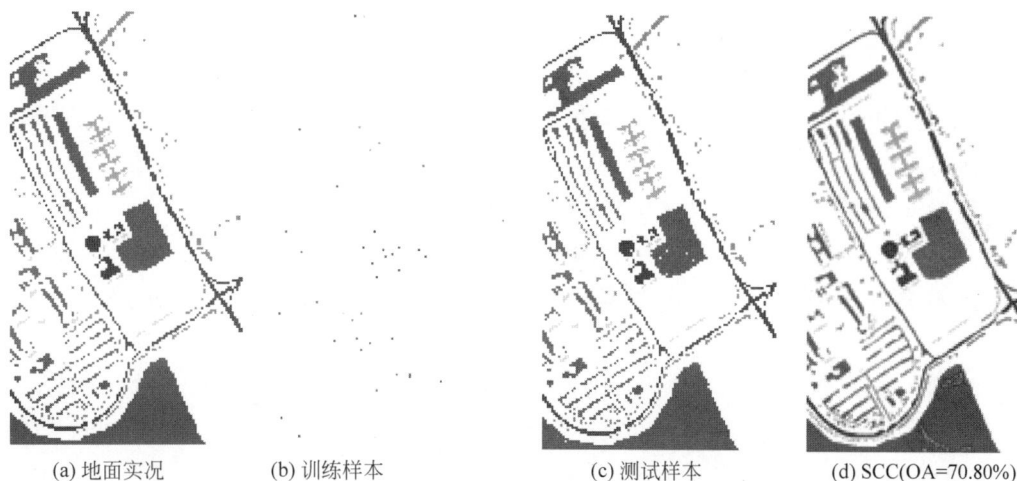

(a) 地面实况   (b) 训练样本   (c) 测试样本   (d) SCC(OA=70.80%)

彩图

图 5-2 不同算法在 Pavia University 数据集上的分类图

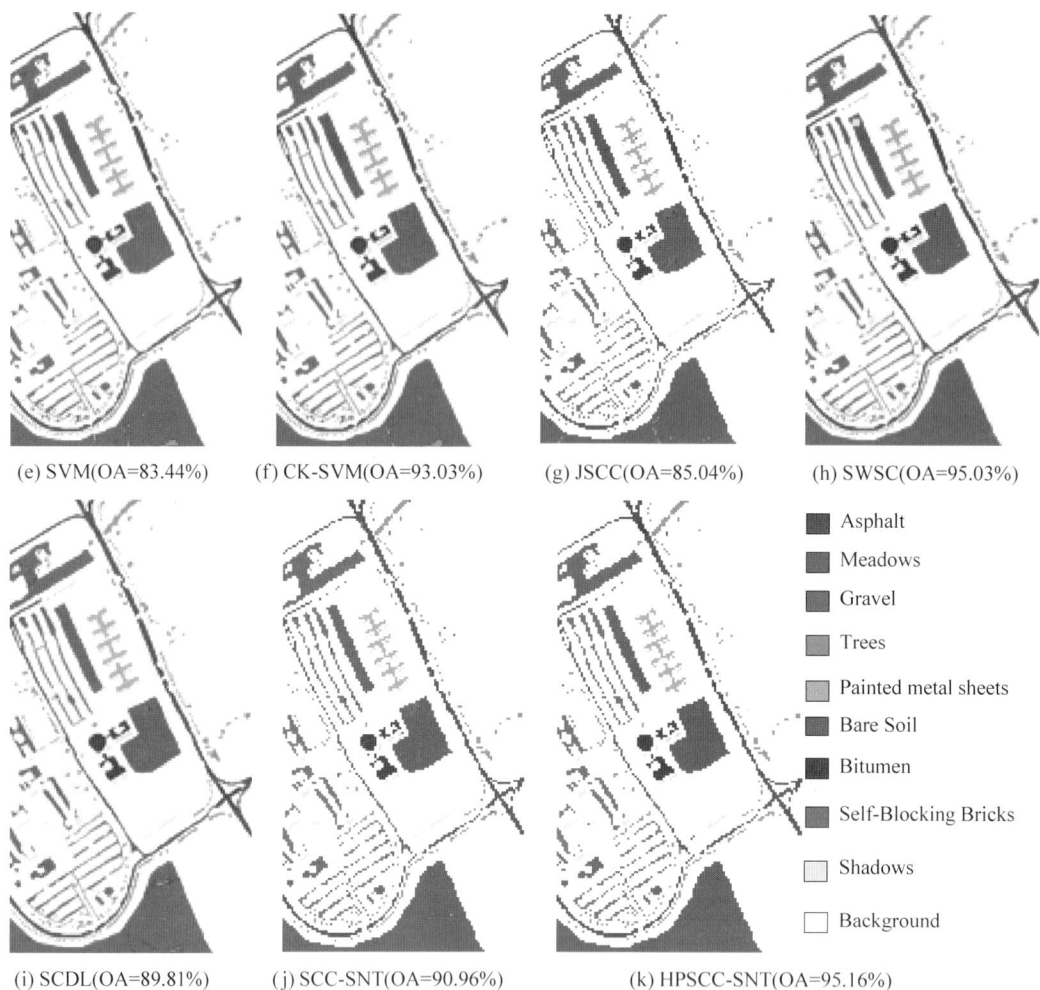

(e) SVM(OA=83.44%)　(f) CK-SVM(OA=93.03%)　(g) JSCC(OA=85.04%)　(h) SWSC(OA=95.03%)

- ■ Asphalt
- ■ Meadows
- ■ Gravel
- ■ Trees
- ■ Painted metal sheets
- ■ Bare Soil
- ■ Bitumen
- ■ Self-Blocking Bricks
- □ Shadows
- □ Background

(i) SCDL(OA=89.81%)　(j) SCC-SNT(OA=90.96%)　(k) HPSCC-SNT(OA=95.16%)

图 5-2　（续）

　　我们也在 Pavia University 数据集上定量评估了 SCC-SNT 和 HPSCC-SNT 的性能。在相同的实验条件下独立进行了 20 次实验，并在表 5-3 中报告平均结果，其中 SVM、CK-SVM 和 KSCC-NF 的实验结果来自文献[16]，HG-W 的 OA 来自文献[14]。10 种方法（KSCC-NF、HG-W 和第一个实验中使用的 8 种方法）中最好的结果在每行用粗体表示。从表 5-3 可以看出，Pavia University 数据集上 HPSCC-SNT 的整体精度达到 94.34%，低于 KSCC-NF。SCC-SNT 的精度甚至更低。原因可能是 SCC-SNT 和 HPSCC-SNT 方法不能像 CK-SVM 和 KSCC-NF 等非线性对比方法那样，很好地对线性不可分高光谱数据进行分类。但是 HPSCC-SNT 获得非常低的标准差。这进一步表明 HPSCC-SNT 可以提高 HIC 的稳健性。

表 5-3 不同算法在 Pavia University 数据集上的分类精度/%

类别	SCC	SVM	CK-SVM	JSCC	SWSC	SCDL	KSCC-NF	SCC-SNT	HPSCC-SNT	HG-W
1	55.96	72.83	77.06	80.68	91.76	88.16	**96.35**	83.49	94.66	—
2	70.36	78.97	96.97	84.39	94.59	94.38	**99.45**	91.93	95.71	—
3	66.04	83.05	87.23	79.03	89.57	94.70	**99.70**	89.80	97.04	—
4	88.75	94.54	**98.68**	90.11	93.38	96.64	94.97	95.21	93.88	—
5	99.46	99.23	**100.00**	99.97	99.95	99.69	**100.00**	100.00	**100.00**	—
6	59.53	88.74	95.63	78.69	94.66	95.12	**99.93**	90.04	96.79	—
7	84.71	93.26	95.81	87.37	95.62	98.02	**100.00**	99.38	**100.00**	—
8	70.56	81.71	91.21	73.29	83.04	90.39	**94.56**	86.05	78.45	—
9	95.78	**100.00**	**100.00**	97.73	99.06	99.96	**100.00**	98.46	93.72	—
OA	69.84 ±1.32	82.21	92.99	83.19 ±1.51	93.13 ±1.79	93.73 ±1.48	**98.34**	90.64 ±0.55	94.34 ±0.33	92.00
Kappa	0.617 ±0.015	0.772	0.907	0.781 ±0.019	0.900 ±0.023	0.866 ±0.018	**0.978**	0.877 ±0.005	0.925 ±0.001	—

表 5-4 显示了 SCC、JSCC、SWSC、SCDL、SCC-SNT 和 HPSCC-SNT 算法所用的运行时间。可以发现,SCC-SNT 和 HPSCC-SNT 的运行时间高于其他算法,这是因为每个测试像素的张量结构处理。

表 5-4 不同算法在 Pavia University 数据集上的速度

算法	SCC	JSCC	SWSC	SCDL	SCC-SNT	HPSCC-SNT
时间/s	100.15	618.70	2613.55	1030.89	9367.15	7725.59

此外,HPSCC-SNT 也与 NLW-JSRC 进行了比较。每类 10% 的像素被随机选取用于训练,其他用于测试。HPSCC-SNT 的最大迭代次数 J 和空间邻域宽度 T 的值分别设置为 2 和 5。其他实验设置与上一个实验相同。在同一实验条件下独立进行了 20 次实验,并在表 5-5 中报告平均结果。表 5-5 中 NLW-JSRC 的精度来自文献[27]。从表 5-5 可以看出,HPSCC-SNT 可以获得更高的整体精度、Kappa 系数和大多数类的分类精度。

表 5-5 NLW-JSRC 和 HPSCC-SNT 在 Pavia University 数据集上的分类精度/%

类别	1	2	3	4	5	6	7	8	9	OA	Kappa
NLW-JSRC	87.67	98.91	79.42	**92.90**	**100.00**	77.69	96.43	**85.68**	**98.81**	92.98	0.9046
HPSCC-SNT	**95.59**	**99.86**	**94.55**	91.64	**100.00**	**99.30**	**100.00**	74.96	77.57	**95.75**	**0.9420**

3）KSC 上的性能分析

在实验中,实验数据集被随机划分为包含每类 10 个样本的训练集,以及包含其他样本的测试集。SCC 和 JSCC 中的稀疏性水平 S 分别设置为 5 和 10。JSCC、SCC-SNT 和 HPSCC-SNT 中的空间邻域宽度 T 均设置为 7。SCC-SNT 和 HPSCC-SNT 的最大迭代次数 J 分别设置为 10 和 5。其余实验设置与上述实验相同。在相同的实验条件下对 KSC 数据集进行 20 组独立实验,并在表 5-6 中报告平均结果。SVM、CK-SVM 和 KSCC-NF 的实验结果来自文献[16]。从表 5-6 可以明显看出,SCC-SNT 和 HPSCC-SNT 方法也能提高像素稀疏的高光谱影像上的分类精度。SCC-SNT 和 HPSCC-SNT 的整体精度分别高达 94.98% 和 99.34%。HPSCC-SNT 在这些算法中具有整体精度、Kappa 系数和大多数类精度的最高平均值。同时,我们提出的 HPSCC-SNT 获得了整体精度和 Kappa 系数的最低标准差。这些结果表明,对于有效信息稀缺的高光谱数据,HPSCC-SNT 可以同时提高分类精度和稳健性。SCC-SNT 的精度高于除 KSCC-NF 外的其他比较算法。

表 5-6　不同算法在 KSC 数据集上的分类精度/%

类别	SCC	SVM	CK-SVM	JSCC	SWSC	SCDL	KSCC-NF	SCC-SNT	HPSCC-SNT
1	84.03	36.35	81.23	97.67	99.64	97.98	**100.00**	99.69	**100.00**
2	77.30	89.70	87.55	80.94	91.46	92.88	**100.00**	90.99	**100.00**
3	74.92	56.10	87.40	86.99	96.10	91.38	**100.00**	94.99	**100.00**
4	43.47	20.25	90.91	56.49	72.11	81.36	91.73	62.40	**99.72**
5	55.66	39.74	83.44	75.00	84.67	83.75	80.79	85.09	**100.00**
6	49.32	41.55	92.69	68.58	81.00	87.35	**100.00**	91.63	99.39
7	82.50	73.68	**100.00**	98.33	94.58	96.46	**100.00**	**100.00**	**100.00**
8	72.66	68.17	88.84	92.57	96.58	94.61	**100.00**	93.03	**100.00**
9	84.22	90.98	83.14	97.96	97.06	95.94	**100.00**	**100.00**	**100.00**
10	90.41	67.77	**100.00**	98.88	91.85	92.82	**100.00**	99.66	**100.00**
11	92.42	97.80	94.38	96.53	97.41	91.49	99.02	96.25	**100.00**
12	65.84	71.40	97.57	88.01	91.44	79.82	**100.00**	91.55	93.64
13	98.47	99.89	**100.00**	**100.00**	98.47	98.67	**100.00**	**100.00**	**100.00**
OA	80.06 ±0.91	70.37	91.49	91.60 ±1.38	94.14 ±2.04	92.68 ±1.47	98.95	94.98 ±0.49	**99.34** **±0.09**
Kappa	0.778 ±0.010	0.672	0.905	0.906 ±0.015	0.938 ±0.023	0.913 ±0.016	0.988	0.944 ±0.005	**0.993** **±0.001**

　　表 5-7 显示了 SCC、JSCC、SWSC、SCDL、SCC-SNT 和 HPSCC-SNT 算法的运行时间。可以发现,我们提出的两种算法比 SWSC 速度更快。这是因为 SCC-SNT 和 HPSCC-SNT 只处理感兴趣的像素。而 SWSC 划分所有高光谱像素(感兴趣的像素和背景像素)到许多不重叠的图像块并处理这些图像块。在 KSC 数据集中,感兴趣的像素是稀疏的,因此有很多图像块和很少的感兴趣像素。得益于这些数据的稀疏性,SCC-SNT 和 HPSCC-SNT 在 KSC 数据集上的 HIC 速度很快。

表 5-7　不同算法在 KSC 数据集上的速度

算法	SCC	JSCC	SWSC	SCDL	SCC-SNT	HPSCC-SNT
时间/s	23.91	274.02	1186.79	455.90	1003.02	623.65

2. 训练样本数目不同时 HPSCC-SNT 的性能

以不均匀的间隔在 2~100 范围内改变每类训练样本的数目,对所有 3 个数据集进行实验,研究训练样本的数量如何影响分类精度,其他实验设置与前面的实验相同。在前面的实验使用的 3 个高光谱数据集上,分别在相同条件下进行了 20 组独立的实验,不同的方法在 3 个数据集的测试数据集上得到的平均整体精度分别如图 5-3(a)~图 5-3(c)所示。横轴表示每类训练样本数目,纵轴表示 OA(%)。从图 5-3(a)~图 5-3(c)可以发现,在使用相同的训练样本的情况下,SCC-SNT 和 HPSCC-SNT 比 SVM、SCC 和 JSCC 有更好的性能。此外,随着训练样本数目的增加,SCC-SNT 和 HPSCC-SNT 的改进超过 SVM、SCC 和 JSCC,原因可能是训练样本越多,越多的空间信息可以由张量结构传递。

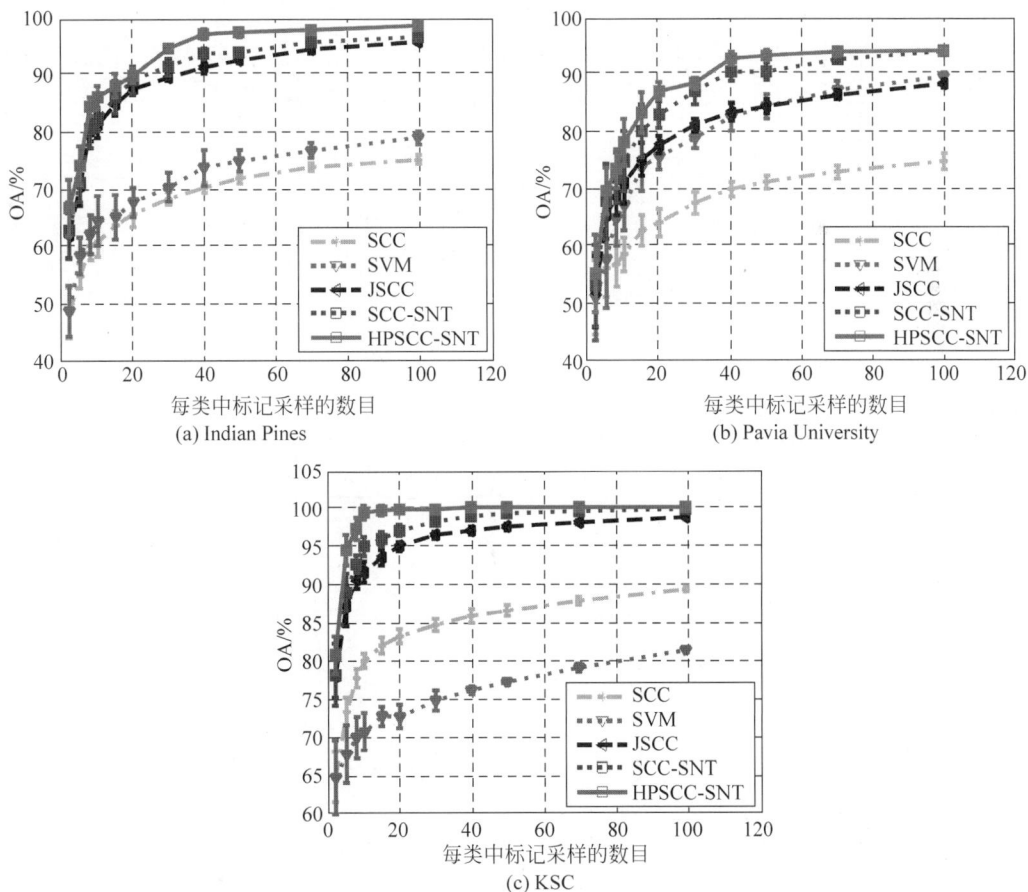

(a) Indian Pines

(b) Pavia University

彩图

(c) KSC

图 5-3　具有不同数目训练样本的 SCC、SVM、JSCC、SCC-SNT 和 HPSCC-SNT 的性能

3. 参数 T 和 J 的变化对 HPSCC-SNT 性能的影响

在这个实验中,研究了参数 T 和 J 变化对 HPSCC-SNT 性能的影响。对于 Indian Pines、Pavia University 和 KSC 数据,每类分别随机抽取 40、40、10 个样本用于训练。每类另外随机选择 20 个样本得到验证集。图 5-4 显示了随着 T 和 J 变化,HPSCC-SNT 在验证集上的性能。参数 J 取自 $\{2,5,10,15,20,30\}$。窗口大小 T 变化为 $3\sim13$,间隔为 2。其他实验设置与上一个实验相同。我们可以从图 5-4(a)~图 5-4(c)中观察到,当 J 超过 5 或 10 时整体精度几乎没有变化。这意味着对于 Indian Pines 和 KSC 数据,HPSCC-SNT 只需要很少的迭代。但是,可以从图 5-4(b)中可以发现,整体精度随着 J 的增加而增加,直到 J 达到 15 或 20,这说明对于 Pavia University 数据,HPSCC-SNT 需要更多的迭代。在 HPSCC-SNT 中,空间窗口的大小由参数 T 确定。从图 5-4(a)~图 5-4(c)可以看出,当 T 设置为较小的值(例如 3)时,整体精度非常低。这是因为小窗口不能包含足够的空间邻域信息。随着 T 的增加,整体精度在 7 时达到峰值,但在图 5-4(a)和图 5-4(c)中 T 大于 7 时开始下降。在图 5-4(b)中,整体精度在 5 处达到峰值。出现这种变化的原因是属于其他类别的近邻被选入窗口,这对分类有负面影响,从

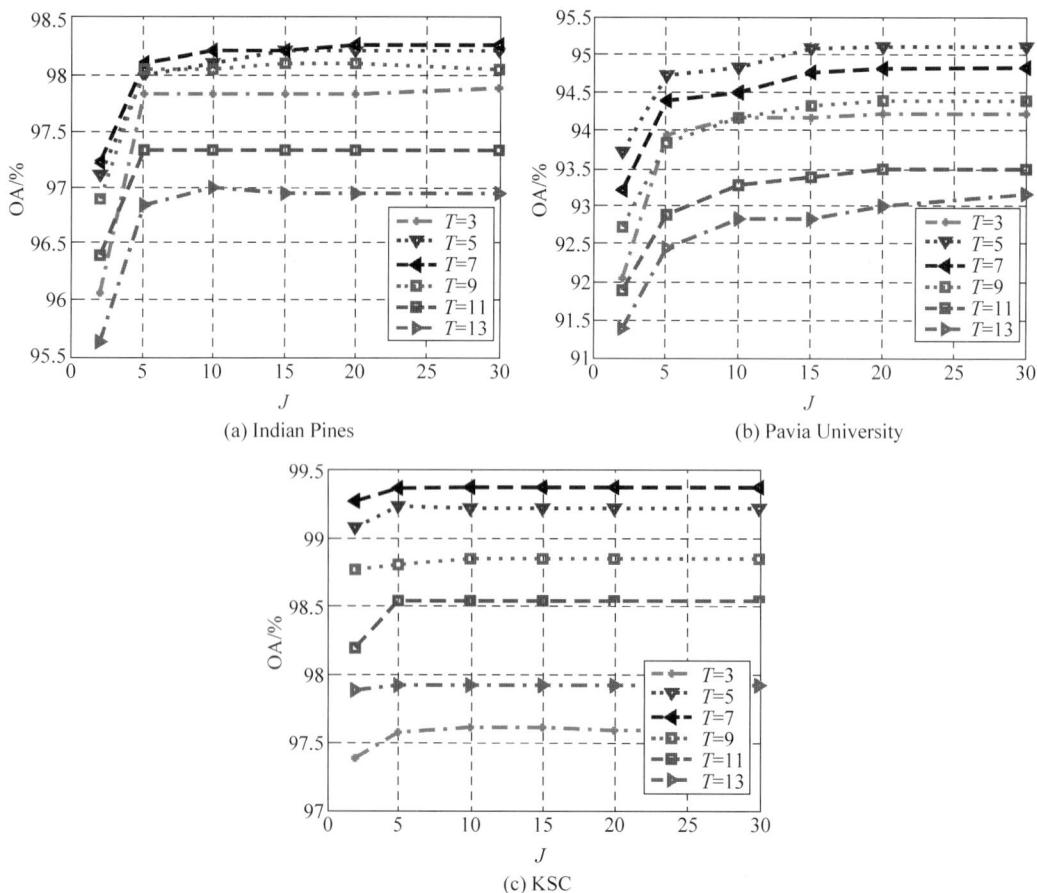

(a) Indian Pines

(b) Pavia University

(c) KSC

图 5-4　T 和 J 变化时 HPSCC-SNT 的性能

而导致误分类。因此,在之前的实验中对于 Indian Pines、Pavia University 和 KSC 数据分别将 T 设置为 7、5、7。此外,从图 5-4(a)～图 5-4(c)中可以发现,随着 T 和 J 的变化,整体精度的变化很小,即 HPSCC-SNT 对 T 和 J 是稳健的。

4. 正则化参数 λ 和 μ 的变化对 HPSCC-SNT 性能的影响

本实验研究正则化参数 λ 和 μ 变化对 HPSCC-SNT 性能的影响。首先,研究 λ 的影响。对于 Indian Pines、Pavia University 和 KSC 数据,L 均设为 5,参数 T 分别设置为 7、5、7。λ 范围为 $\{10^t\}_{t=-8}^{-2}$,而对于 Indian Pines、Pavia University 和 KSC 数据,μ 分别固定为 10^{-6}、10^{-5} 和 10^{-5}。其他实验设置与上一个实验相同。图 5-5(a)～图 5-5(c)描述在 3 个实验数据集上 λ 变化时 HPSCC-SNT 的性能。从图 5-5(a)和图 5-5(c)可以看出,当 λ 小于 10^{-5} 时,λ 的影响非常小,而当 λ 大于 10^{-5} 时,整体精度随着 λ 的增大而迅速减小。从图 5-5(b)可以看出,整体精度随着 λ 的增加而增加。整体精度在 10^{-4} 处达到峰值并且当 λ 大于 10^{-4} 时开始缓慢下降。

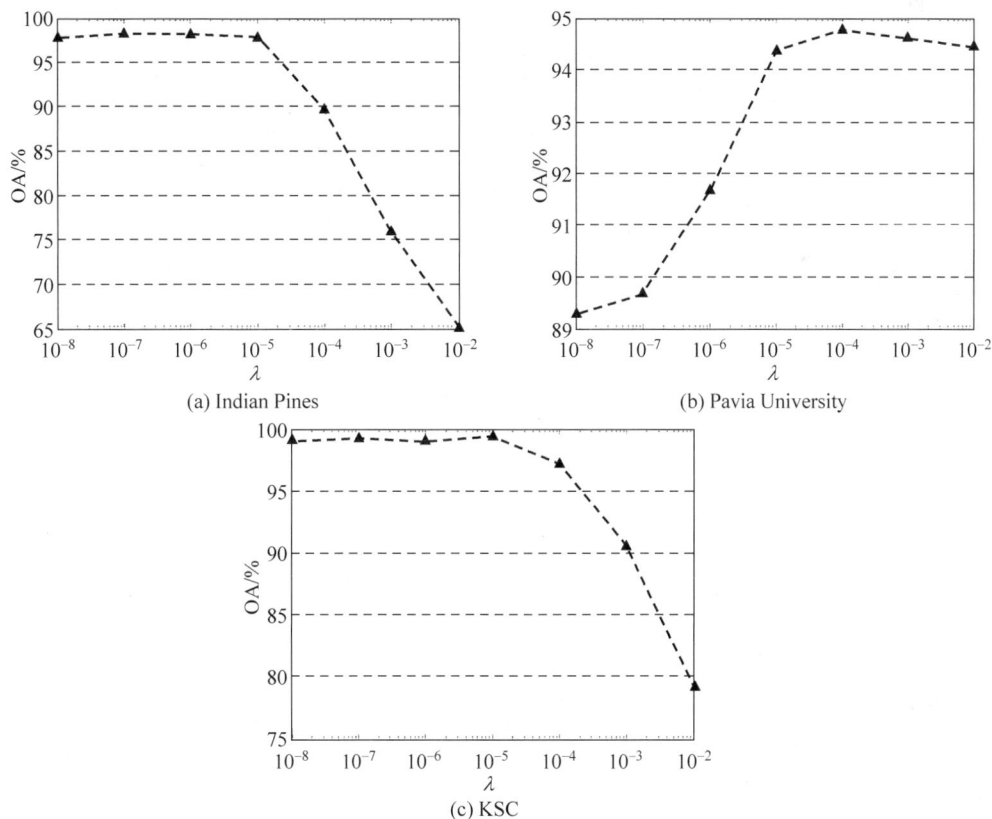

(a) Indian Pines

(b) Pavia University

(c) KSC

图 5-5　λ 变化时 HPSCC-SNT 的性能

然后,对于 Indian Pines、Pavia University 和 KSC 数据,将 λ 分别固定为 10^{-5}、10^{-4} 和 10^{-5} 调查 μ 的影响。μ 的范围为 $\{10^t\}_{t=-8}^{-2}$。图 5-6(a)～图 5-6(c)显示了在 3 个实验数据集上随着 μ 变化时 HPSCC-SNT 的整体精度。从图 5-6(a)可以看出,Indian Pines 数据的整体精度变化不是很大,不超过 1.2%。从图 5-6(b)和图 5-6(c)可以看出,整体精度随着 μ 的增加而减小。幸运的是,当 μ 在 $\{10^t\}_{t=-8}^{-5}$ 范围内时,整体精度的变化很小。结果表明 HPSCC-SNT 对正则参数 λ 和 μ 在特定范围内是稳健的。

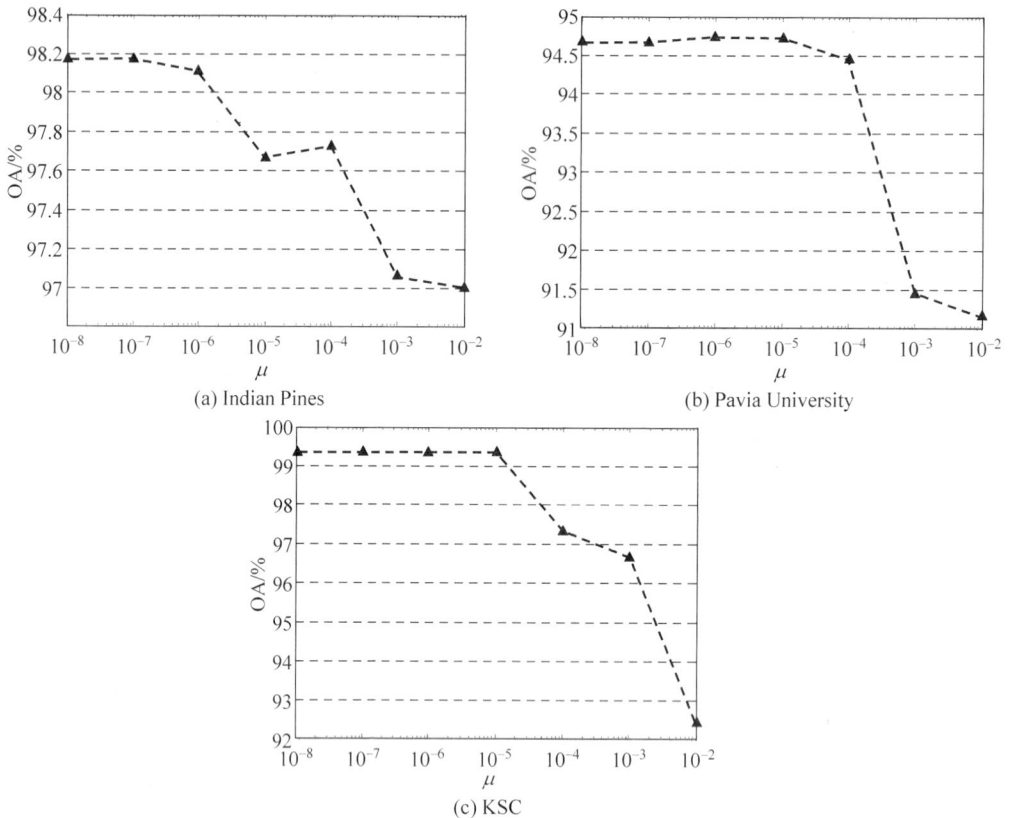

(a) Indian Pines

(b) Pavia University

(c) KSC

图 5-6 μ 变化时 HPSCC-SNT 的性能

5. 参数 ε 的变化对 HPSCC-SNT 性能的影响

本实验研究了参数 ε 变化时 HPSCC-SNT 的性能。ε 的范围为 $\{10^t\}_{t=-8}^{-1}$。对于 Indian Pines、Pavia University 和 KSC 数据,λ 分别被设置为 10^{-5}、10^{-4} 和 10^{-5},另一个正则参数 μ 分别固定为 10^{-6}、10^{-5} 和 10^{-5}。为了使参数 ε 主导停止迭代,将 J 设为 500。其他的实验设置与上一个实验相同。图 5-7 显示了 ε 变化时 HPSCC-SNT 的整体精度。从图 5-7(a)～图 5-7(c)可以看出,整体精度随着 ε 的增加而增加,但增幅非常小,分别小于 0.25%、1.1% 和 0.25%。因此,HPSCC-SNT 对参数 ε 具有稳健性。

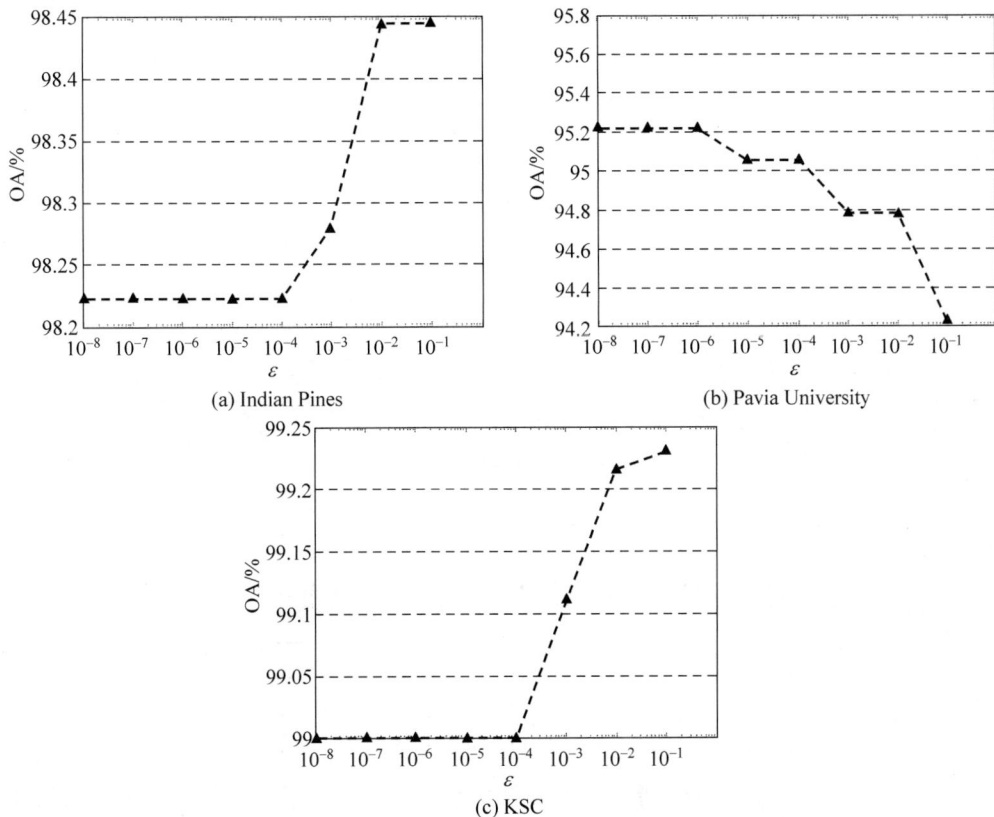

(a) Indian Pines

(b) Pavia University

(c) KSC

图 5-7　ε 变化时 HPSCC-SNT 的性能

6. HPSCC-SNT 的收敛性

为了说明 HPSCC-SNT 的收敛性,本实验以 Indian Pines 数据为例,研究了优化对象 O。参数 ε 和 J 分别设置为 10^{-2} 和 500。其他实验设置与上一实验相同。图 5-8(a)显示了前 500 次迭代中的数量 O。可以发现,O 下降得很快。如图 5-8(b)所示,可以观察到,O 的变化很小。

在一定程度上,这个数值研究可以证明 HPSCC-SNT 的快速收敛性。这是因为 HPSCC-SNT 的优化问题是通过矩阵 A 和矩阵 S 的交替迭代来实现的,其中,式(5-5)中的矩阵 A 可以解析地表示为式(5-6),因此它可以快速收敛。此外,矩阵 S 只与矩阵 A 中列向量的能量有关。在优化矩阵 A 的过程中,矩阵 A 中各列的元素变化很大时,该列向量的能量变化很小,所以矩阵 S 也能快速收敛。因此,HPSCC-SNT 的优化可以在很少的迭代次数下快速收敛。

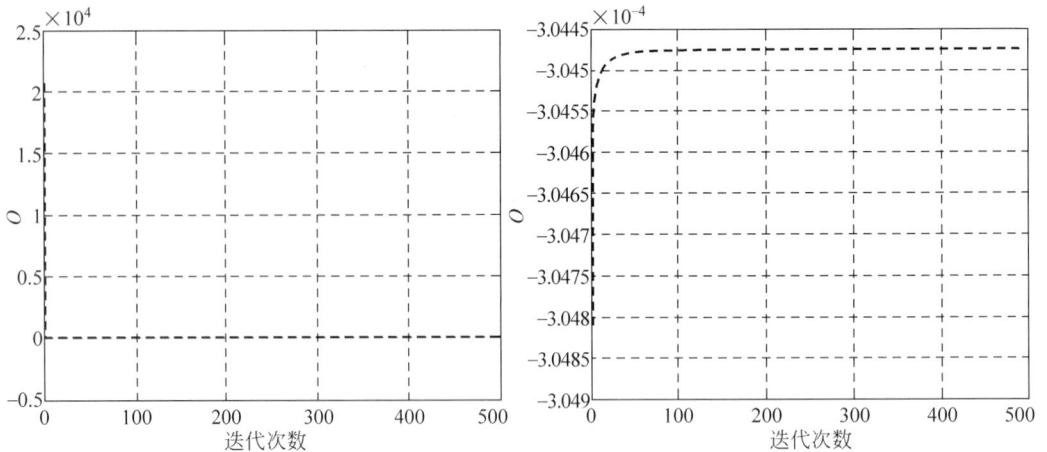

图 5-8　HPSCC-SNT 的收敛性

5.2　基于 SSCTC-CDR 的高光谱影像分类

5.2.1　引言

得益于高光谱影像的高光谱分辨率,可以成功地区分不同应用领域中许多相似的地表材料和现象[41-42]。作为从高光谱影像中提取有用信息的一种有效方法,HIC 已成为遥感中一个活跃的研究领域,而且许多机器学习技术已在过去的几十年中被应用到该领域[8,17,44,45]。

在机器学习领域中,有许多具有良好分类性能的分类器,例如 SVM、贝叶斯网络、神经网络等。但是,可以发现若直接将光谱特征用作这些分类器的输入特征,现有的分类器不适用于 HIC。因为它们会遭受休斯效应[44]的困扰:随着数据维度的增加,标记样本的数量需急剧增加以保持较高的分类精度。然而,由于高昂的标记成本,高光谱影像中的标记样本总是非常有限。因此,有必要探索其他高光谱数据先验信息作为补充,以提高高光谱影像的分类性能。

众所周知,作为一种图像,高光谱影像的空间相邻像素很可能属于同一类别。该先验可以用作空间信息。通过将其与光谱信息相结合,已经提出了各种空谱 HIC(Spatial-Spectral HIC,SS-HIC)方法来提高 HIC 的分类精度。早期的 SS-HIC 方法,例如,复合核分类器[44]和基于形态变换的空谱分类器[44],通常以一阶特征向量的形式表达空间信息。这些方法通过计算从某个像素的空间邻域提取的光谱值的统计信息来生成空间特征。通过将生成的空间特征与光谱特征结合在一起,为 HIC 提供了一种简单有效的解决方案。但是这些 SS-HIC 方法没有考虑每个空间相邻像素的特定光谱信息,因此空间特征不能完全捕获光谱特征的空间局部邻域变化。为了克服这一点,每个像素及其空间近邻的光谱特征以二阶矩阵的形式进行了重新排列,诸如 JSCC[17] 或基于区域核的 SVM 等模型[45] 被提出并用于 HIC。这些方法充分考虑了空间邻域中所有像素的光谱特征。因此,它们可以获得更好的分类性能。然而,这种高光谱数据的矩阵化忽略了相邻像素的空间位置关系。因此,需要一种更合理的数据表示形式来有效地保持高光谱数据的固有空谱结构。高光谱影像的本质形式是三阶张量,因此张量表示是保持高光谱影像的光谱特征和空间位置关系的最自然有效的方法。

此外,稀疏先验也常用于 HIC。稀疏性是人类对世界感知的主要特性。稀疏性与自然环境的统计特征之间存在不可避免的联系[45]。高光谱影像数据亦具有其稀疏性。尽管高光谱影像数据的光谱特征是高维的,但它们之间的相关性很强。对于相同类别的像素,其光谱特征近似位于同一低维子空间中。因此,高光谱影像的光谱特征近似位于一些低维流形中[17]。高光谱像素在光谱特征空间中是稀疏的。该稀疏先验信息已在张量框架下被应用于 HIC,并在文献[46]中提出了带有空间近邻张量的混合概率稀疏编码分类器。张量表示使 HPSCC-SNT 很好地保持了高光谱影像的光谱特征和空间结构信息。此外,在 HPSCC-SNT 中,通过最大化似然估计可以减轻混合像素的误分类。因此,HPSCC-SNT 用于 HIC 的性能非常好,但仍存在以下缺点。

(1) 较高的计算和存储成本。在 HPSCC-SNT 中,预测每个测试像素的标签需通过优化张量稀疏编码和最大化似然估计的混合来计算其稀疏表示。考虑到高光谱像素的高维性,这是一个复杂的优化问题。因此,在高光谱影像中标记成千上万个像素的计算成本和存储成本都非常高。

(2) 性能受参数影响。在 HPSCC-SNT 的优化问题中,有两个要调节的正则化参数。实验结果表明,HPSCC-SNT 的性能在特定范围内对这两个参数具有稳健性,但在该范围之外性能会迅速下降。因此,在某种程度上,HIC 的性能受这些参数值的影响。

为了解决这些问题,本节为 HIC 在张量框架下开发了一种新的分类器。按照 5.1 节中的张量组织方案,每个测试像素及其空间近邻的光谱特征都被表示为一个空间近邻张量。该表示方案可以很好地保持每个测试像素及其空间近邻的光谱特征和空间约束,从而可以大大提高后续分类的性能。考虑到高光谱影像的空间一致性,假设每个生成的 SNT 中的光谱向量由几个共同训练像素的光谱向量同时进行稀疏编码。与该 SNT 相关联的稀疏编码系数可以视为一个切片稀疏张量,记为切片稀疏编码张量(Slice Sparse Coding Tensor,SSCT)。

可以通过张量切片稀疏编码算法来自适应地学习 SSCT。此外,SSCT 在每类高光谱像素所在的子空间之间具有隐式的竞争性。因此,它具有判别力,可用于预测高光谱影像像素的标签。然而,对于分类成千上万的高维高光谱像素,SSCT 的计算和存储成本仍非常高。为了提高效率,将压缩维数约简(Compressive Dimensionality Reduction,CDR)引入张量切片稀疏编码中以优化 SSCT,提出了用于 HIC 的 SSCTC-CDR。SSCTC-CDR 具有以下贡献。

（1）与性能很大程度上依赖于正则化参数的正则化方法不同，在 SSCTC-CDR 中需要确定的参数很少。

（2）通过在张量稀疏编码中引入压缩维数约简，SSCTC-CDR 可以显著减小要被稀疏编码的张量的大小。SSCTC-CDR 的测试计算复杂度大大降低。

在 3 个真实的高光谱影像数据集上对 SSCTC-CDR 的性能进行了评估，结果表明，它可以得到较高的准确分类，并且计算代价较小。

5.2.2　用于 HIC 的 SSCTC-CDR

记 $x=[x_1,x_2,\cdots,x_B]\in\Re^B$ 为一个高光谱像素，HIC 的目标是标记高光谱影像 $X=[x_1,x_2,\cdots,x_L,x_{L+1},\cdots,x_{L+U}]$ 中的每个像素为已知类标集 $\{1,2,\cdots,C\}$ 中的一种。在有监督学习模式下，假设前 L 个像素被标记为对应标签 $y_l\in\{1,2,\cdots,C\}$，而剩余的 U 个像素未标记。推断高光谱像素的标签可被视为一个分类任务。标记像素和未标记像素分别被认为是训练样本和测试样本。为获得一个相对快速有效的有监督 HIC 方法，本节提出了一种新的张量框架下的分类器，可以通过以下步骤实现。

1. 生成空间近邻张量

遵循大多数 SS-HIC 方法，对于每个未标记的高光谱像素 $x_u\in\Re^B(u=1,2,\cdots,U)$，其空间邻域被规定为以该像素为中心的一个 $T\times T$ 空间小窗中的像素，记为 NB(x_u)。然后依照空间位置重新排列这 T^2 个空间相邻像素的光谱特征生成 SNT $\underline{X}_u\in\Re^{T\times T\times B}$，参见图 5-9。

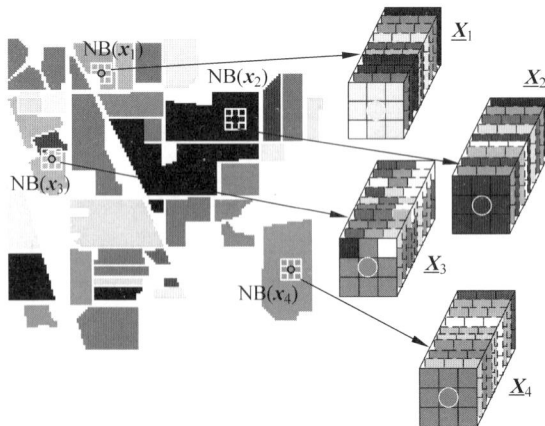

图 5-9　空间近邻张量

2. 张量切片稀疏编码

张量 $\underline{X}_u$ 可以进行如下的塔克分解

$$\underline{\boldsymbol{X}}_u = \boldsymbol{A}_u \times_1 \boldsymbol{\Psi}_1 \times_2 \boldsymbol{\Psi}_2 \times_3 \boldsymbol{\Psi}_3 \tag{5-7}$$

其中，$\boldsymbol{A}_u \in \Re^{T \times T \times L}$ 是核心张量，$\boldsymbol{\Psi}_1 = \boldsymbol{\Psi}_2 = \boldsymbol{I}_T$，$\boldsymbol{\Psi}_3 = \boldsymbol{D} = [\boldsymbol{x}_1, \boldsymbol{x}_2, \cdots, \boldsymbol{x}_L] \in \Re^{B \times L}$ 是因子矩阵。在该情形下，式(5-7)的右侧等于 $\boldsymbol{A}_u \times_3 \boldsymbol{D}$。因此，式(5-7)可以化简为

$$\underline{\boldsymbol{X}}_u = \boldsymbol{A}_u \times_3 \boldsymbol{D} \tag{5-8}$$

众所周知，每个高光谱影像像素的光谱向量都可以被字典矩阵中的原子稀疏编码。此外，假设空间相邻的高光谱像素的稀疏编码向量 $\boldsymbol{D}$ 在下具有共同的稀疏模式。因此，假定张量相对于模-3字典是切片稀疏的。图5-10直观地显示了张量切片稀疏编码。

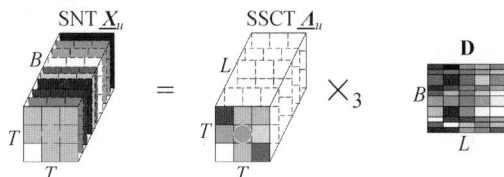

图 5-10 张量切片稀疏编码

可以通过求解以下优化问题来计算 SSCT $\boldsymbol{A}_u$：

$$\min \| \underline{\boldsymbol{X}}_u - \boldsymbol{A}_u \times_3 \boldsymbol{D} \|_F$$
$$\text{s.t. } \| \boldsymbol{A}_u \|_0 \leqslant S \tag{5-9}$$

其中，$\| \boldsymbol{A}_u \|_0$ 表示张量 $\boldsymbol{A}_u$ 的非零正面切片数，S 是预先设置的稀疏性水平。

此外，从文献[33]可以推断出式(5-7)等价于克罗内克表示

$$\boldsymbol{x}_u = (\boldsymbol{\Psi}_3 \otimes \boldsymbol{\Psi}_2 \otimes \boldsymbol{\Psi}_1) \boldsymbol{a}_u \tag{5-10}$$

其中，$\boldsymbol{x}_u = \text{vec}(\boldsymbol{X}_u)$；$\boldsymbol{a}_u = \text{vec}(\boldsymbol{A}_u)$；$\otimes$代表克罗内克积。因此，可以通过恢复算法5-1获得切片稀疏编码张量 $\boldsymbol{A}_u$。

算法 5-1：恢复 SSCT

输入：空间近邻张量$\underline{\boldsymbol{X}}_u$，字典 $\boldsymbol{D} = [\boldsymbol{x}_1, \boldsymbol{x}_2, \cdots, \boldsymbol{x}_L] \in \Re^{B \times L}$，稀疏性水平 S（或容差 ε）；

输出：指标集 I，切片稀疏编码张量$\boldsymbol{A}_u$（它在模态3下由 I 标记的非零元素为张量 $\hat{\boldsymbol{A}}_u$）；

1：指标集 $I = \varnothing$，$\underline{\boldsymbol{R}} = \underline{\boldsymbol{X}}_u$，$s = 1$；

2：当 $|I| \leqslant S$ 且 $\| \boldsymbol{R} \|_F \geqslant \varepsilon$ 时循环执行；

3：$[i_s] = \arg \min\limits_{i=1,2,\cdots,s} | \underline{\boldsymbol{R}} \times_3 \boldsymbol{D}^T(:,i) |$；

4：$I = [I, i_s]$；

5：$\hat{\boldsymbol{a}}_u = \arg \min\limits_{\boldsymbol{v}} \| (\boldsymbol{D}(:,I) \otimes \boldsymbol{I}_T \otimes \boldsymbol{I}_T) \boldsymbol{v} - \boldsymbol{x}_u \|_2^2$；

6：$\underline{\boldsymbol{R}} = \underline{\boldsymbol{X}}_u - \hat{\boldsymbol{A}}_u \times_3 \boldsymbol{D}(:,I)$；

7：$s = s + 1$；

8：结束循环。

3．压缩维数约简

由于高光谱影像数据的高维性，当像素数量很大时，切片稀疏编码张量的恢复成本很高。降低计算成本的一种可行方法是采用压缩维数约简。为了实现这一点，在式（5-8）的两边都乘以压缩观测矩阵，并将表示形式重写为

$$\underline{X}_u \times_3 \boldsymbol{\Phi} = \underline{A}_u \times_3 \boldsymbol{\Phi}D \tag{5-11}$$

在保持后续 HIC 精度的同时，为了显著降低式（5-11）的优化成本，$\underline{X}_u \times_3 \boldsymbol{\Phi} \in \Re^{T \times T \times n}$ 的尺寸应尽可能小。因此，我们应该选择与字典矩阵 $\boldsymbol{D}$ 不相干的观测矩阵 $\boldsymbol{\Phi}$。通常，随机高斯矩阵是矩阵 $\boldsymbol{\Phi}$ 一种可行的选择，因为它与任何固定基都高度不相干。由于随机高斯矩阵的随机性，该方法对于 HIC 问题将不稳定。解决这个问题的可行方法是采用源自字典矩阵奇异值分解 $\boldsymbol{D} = \boldsymbol{U\Lambda V}$ 的耦合观测矩阵。与随机高斯矩阵相比，耦合观测矩阵与字典的不相干性更高。因此，本书采用矩阵 $\boldsymbol{\Phi} = \boldsymbol{U}_M^{\mathrm{T}}$ 进行压缩维数约简，并且对应于压缩维数约简后的空间近邻张量 $\underline{X}_u^r = \underline{X}_u \times_3 \boldsymbol{\Phi}$ 的切片稀疏编码张量 $\underline{A}_u^r$ 可以通过算法 5-1 进行恢复。

4．分类

一旦获得了与压缩维数约简后的空间近邻张量 $\underline{X}_u^r$ 对应的 SSCT，就可以通过比较张量 $\underline{X}_u^r$ 与第 c 类训练像素的近似值之间的残差对未知像素 $\boldsymbol{x}_u$ 进行分类，即

$$r_c(\underline{X}_u^r) = \left| \underline{X}_u^r - \underline{A}_{u,c}^r \times_3 \boldsymbol{\Phi} D_c \right| \tag{5-12}$$

其中，$\boldsymbol{D}_c \in \Re^{B \times L_c} \left(L = \sum_{c=1}^{C} L_c \right)$ 是由第 c 类的训练像素组成的类子字典，$\underline{A}_{u,c}^r$ 由与 $\underline{X}_u^r$ 对应的切片稀疏编码张量的 L_c 个正面切片组成。然后 $\boldsymbol{x}_u$ 的类别标签可以通过

$$\mathrm{Class}(\boldsymbol{x}_u) = \arg \min_{c=1,2,\cdots,C} r_c(\underline{X}_u^r) \tag{5-13}$$

预测，从而获得用于 HIC 的分类器 SSCTC-CDR。

5.2.3 实验结果与分析

1．实验数据

SSCTC-CDR 的性能在 3 张真实的高光谱影像上进行了评估。第一个实验数据集是 Indian Pines 图像，其中包括 16 类的 10 366 个感兴趣像素。该图像是一个不平衡的数据集，每类的像素数为 20～2468。第二个实验数据集是 KSC 图像。它包含 13 个类别，它们代表了不同的土地覆盖类型。整张图像中有 5211 个感兴趣像素。这两个数据集都可以从文献[48]下载，其详细类信息如表 3-4 及表 3-5 所示。最后一个实验数据集是由索拉布普拉萨德教授提供的 Houston University 图像。在这张图像中有 15 类 15 029 像素。其详细类信息见表 5-8。

表 5-8 Houston University 数据集的详细信息

类别	名称	数目	类别	名称	数目
1	Grass_healthy	1251	9	Road	1252
2	Grass_stressed	1254	10	Highway	1227
3	Grass_synegic	697	11	Railway	1235
4	Tree	1244	12	Parking lot 1	1233
5	Soil	1242	13	Parking lot 2	469
6	Water	325	14	Tennis court	428
7	Residential	1268	15	Running track	660
8	Commercial	1244	Total		15 029

2. 实验设置

为了评估 SSCTC-CDR 的性能,将其与以下相关方法进行了比较。

(1) 稀疏学习方法:SCC[15]、SVM[43]、复合核 SVM(Composite-Kernel SVM,CK-SVM)[8]、JSCC[17]、空间感知字典学习(Spatial-Aware Dictionary Learning,SADL)[26]、HPSCC-SNT[46]。

(2) 深度学习方法:频谱空间网络(Spectral-Spatial Network,SSN)[48]、滚动引导过滤器和顶点分量分析网络(Rolling Guidance Filter and Vertex Component Analysis Network,R-VCANet)[49]。

SCC、JSCC、SVM 和 CK-SVM 的参数设置参考了文献[17]。为了消除随机抽样对各种方法性能的影响,在相同条件下进行了 20 组独立的实验,并得出了平均结果。针对不同算法的所有仿真都在 MATLAB7.10.0(R2010a)环境下进行(其中运行主机的主要指标包括四核处理器 Core2Quad、2.99GHz CPU、1.95GB RAM)。

3. 算法性能分析

本节在 3 个实验数据集上评估了 SSCTC-CDR 的性能。对于 Indian Pines 图像,数据集被随机分为两部分,其中 1% 用于训练,其余部分用于测试。不仅在视觉上对 SSCTC-CDR 的性能进行了比较,而且还进行了定量研究。此外,将 KSC 和 Houston University 数据集随机分为训练集(其中包含每类 3% 像素)和测试集(包含其他像素)。对于 KSC 和 Houston University 图像,仅定量研究 SSCTC-CDR 的性能。视觉结果采用分类图显示。每个模型的定量分类性能通过每类精度、总体精度、平均精度和 Kappa 系数进行评估[50]。

1) Indian Pines 数据集上的性能分析

在该实验中,SSCTC-CDR 中的稀疏性水平 S 和空间邻域窗口宽度 T 分别设置为 20 和 9。同时,使用

$$\text{Ratio} = \frac{n}{B} \times 100\%$$

度量 SSCTC-CDR 的维数约简率,在本实验中将其设置为 50%。在如图 5-11(b)所示的像

素上,分别训练 SCC、SVM、CK-SVM、JSCC、HPSCC-SNT、SSCTC-CDR 等模型,用学习到的模型可以预测测试像素的标签,如图 5-11(c)所示。这 5 种方法的视觉分类图分别在图 5-11(d)~图 5-11(i)中显示。从图 5-11(d)~图 5-11(i)中可以看到,与除 HPSCC-SNT 之外的其他方法相比,SSCTC-CDR 具有更好的分类结果。SSCTC-CDR 的分类图具有很好的空间一致性。还可以发现,SSCTC-CDR 避免了 SCC 和 JSCC 中大多数椒盐误分类。此外,在 SSCTC-CDR 中大多数误分类是斑状误分类,但对于 HPSCC-SNT,它们几乎都是斑状误分类。这是因为对于边界附近的混合像素,它们的 SNT 包含属于不同类别的像素,因此,它们对于判别 SSCTC-CDR 中的中心像素提供了负面影响。但是,这种负面影响在 HPSCC-SNT 中得到了抑制。

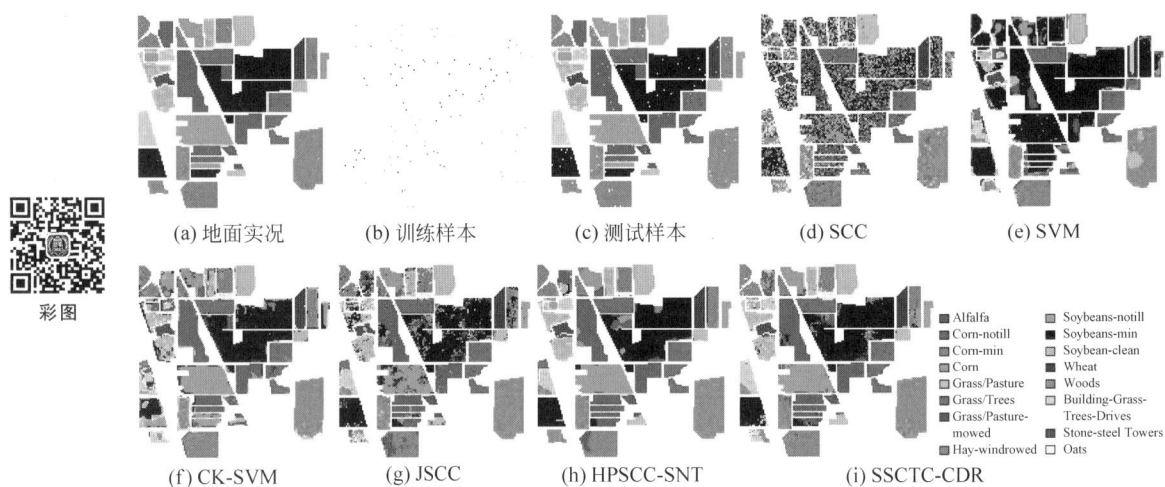

(a) 地面实况　　(b) 训练样本　　(c) 测试样本　　(d) SCC　　(e) SVM

(f) CK-SVM　　(g) JSCC　　(h) HPSCC-SNT　　(i) SSCTC-CDR

图 5-11　不同算法在 Indian Pines 图像上的分类图

除了进行视觉比较外,还通过与 SADL、SSN 和上述 5 种算法进行比较来定量研究 SSCTC-CDR 的性能。SVM、SADL 和 SSN 的实验结果直接使用文献[48]中的结果。其他参数设置与上一个实验相同。这些算法的分类结果和消耗时间如表 5-9 所示。每行的粗体值表示这 7 个方法中最好的结果。表 5-9 表明,SSCTC-CDR 的总体精度、平均精度和 Kappa 系数分别达到 86.72%、85.49% 和 84.68%。此外,SSCTC-CDR 在 5 类像素中获得最高的精度,在 4 类像素中获得次高的精度。除了 HPSCC-SNT,SSCTC-CDR 比其他方法具有更高的分类精度。此外,SSCTC-CDR 获得的分类精度的标准差低于大多数比较方法。这表明得益于张量编码机制,SSCTC-CDR 可以在保持分类精度的同时保持较高的分类稳健性。此外,尽管 SSCTC-CDR 的分类性能略逊于 HPSCC-SNT,但其消耗时间远少于 HPSCC-SNT。

表 5-9 不同算法在 Indian Pines 图像上的分类精度(%)及消耗的时间(s)

类别	SCC	SVM	CK-SVM	JSCC	SADL	SSN	HPSCC-SNT	SSCTC-CDR
1	44.34	27.74	42.45	**94.53**	69.81	81.32	95.47	94.15
2	45.13	44.54	76.53	81.13	68.73	80.51	**89.13**	83.59
3	26.51	36.97	67.22	67.92	65.58	79.75	**82.74**	78.63
4	18.92	21.21	41.21	53.98	62.81	68.57	**71.39**	64.29
5	65.63	59.67	68.03	72.11	**82.34**	79.25	73.82	76.16
6	90.09	84.37	85.72	98.54	93.84	95.18	**100.00**	97.20
7	40.00	76.80	79.60	78.80	**100.00**	95.20	92.80	79.20
8	86.63	85.93	90.87	97.50	97.48	93.08	98.57	**99.90**
9	40.53	32.63	86.32	57.37	81.05	89.47	65.26	**90.00**
10	30.55	49.32	72.37	70.56	74.11	77.85	79.41	**82.72**
11	56.66	62.03	75.06	84.15	81.34	85.62	88.14	**88.40**
12	27.41	31.91	53.46	69.59	57.71	69.95	72.59	**75.82**
13	94.98	88.52	85.12	98.09	98.66	96.36	**100.00**	96.65
14	90.87	84.45	90.82	96.28	93.71	96.28	**97.89**	96.49
15	20.21	21.49	43.70	66.17	68.70	**83.16**	64.10	71.30
16	83.94	48.62	93.30	90.43	79.57	96.06	**100.00**	93.40
OA	55.71 ±1.14	57.86 ±2.86	74.57 ±2.44	78.85 ±1.41	78.95 **±1.09**	84.70 ±2.28	**87.08** ±1.61	86.72 ±1.28
AA	53.90 ±2.14	53.51 ±1.58	71.99 ±3.05	81.32 **±1.49**	79.72 ±2.78	85.48 ±2.10	**85.70** ±2.28	85.49 ±1.75
Kappa ×100	49.23 ±1.40	52.00 ±3.09	71.12 ±2.78	75.81 ±1.66	75.98 **±1.27**	82.57 ±2.55	**85.26** ±1.83	84.85 ±1.44
Time	17.68	—	15.64	2004.2	—	—	5549.32	3109.31

2) KSC 数据集上的性能分析

该实验定量评估了 SSCTC-CDR 和 6 种比较方法的性能。SSCTC-CDR 的稀疏性水平 S 和空间邻域窗口宽度 T 分别设置为 20 和 7。其他实验设置遵循上一个实验。R-VCANet 的实验结果来自文献[49]。表 5-10 报告了实验结果,从中可以发现,对于除 HPSCC-SNT 之外的算法,SSCTC-CDR 获得了最高的的总体精度、平均精度和 Kappa 系数和大多数类的精度。SSCTC-CDR 用更少的时间获得比 HPSCC-SNT 稍差的分类结果。

表 5-10 不同算法在 KSC 图像上的分类精度(%)及消耗的时间(s)

类别	SCC	SVM	CK-SVM	JSCC	SADL	R-VCANet	HPSCC-SNT	SSCTC-CDR
1	90.26	92.75	98.51	99.15	99.73	99.36	**100.00**	99.84
2	81.84	81.88	80.90	89.10	82.48	94.08	**97.26**	96.45
3	76.76	89.23	89.11	91.34	95.95	96.35	**99.23**	98.38
4	41.69	62.76	55.68	65.56	**90.95**	87.84	90.45	84.94
5	42.97	55.94	47.35	71.68	63.23	90.51	98.13	**99.48**

续表

类别	SCC	SVM	CK-SVM	JSCC	SADL	R-VCANet	HPSCC-SNT	SSCTC-CDR
6	39.82	55.18	75.00	66.59	86.82	93.42	**96.36**	94.32
7	70.79	78.42	83.37	89.80	73.27	99.57	**100.00**	99.11
8	74.01	85.38	95.29	93.46	98.56	**98.96**	96.59	96.75
9	89.44	94.75	99.96	98.63	96.62	97.97	**100.00**	100.00
10	91.28	90.69	95.91	99.05	96.16	99.97	**100.00**	100.00
11	95.31	93.23	97.46	98.25	94.57	99.62	**100.00**	100.00
12	70.04	81.13	94.46	92.81	85.01	**99.44**	94.95	96.47
13	98.86	98.57	**100.00**	**100.00**	98.22	**100.00**	**100.00**	100.00
OA	81.45 ±0.76	86.95 ±0.78	91.72 ±0.82	93.16 ±0.83	93.31 ±0.78	97.90 **±0.66**	**98.39** ±0.88	98.11 ±0.82
AA	74.08 ±1.35	81.53 ±1.42	85.61 ±1.39	88.88 ±1.67	89.35 **±1.01**	96.70 ±1.10	**97.92** ±1.41	97.36 ±1.22
Kappa ×100	79.34 ±0.85	85.45 ±0.87	90.78 ±0.91	92.38 ±0.93	92.55 ±0.97	97.66 **±0.74**	**98.20** ±0.98	97.90 ±0.91
Time	23.69	—	23.79	271.59	—	—	618.13	497.07

3）Houston University 数据集上的性能分析

在该实验中，将 SSCTC-CDR 的性能与 5 种相关方法进行了比较。稀疏性水平 S 和空间邻域窗口宽度 T 分别设置为 10 和 5。其他实验设置遵循上一个实验。表 5-11 报告了分类结果和消耗的时间。这 6 种算法中最好的结果在每行以粗体显示。表 5-11 表明 SSCTC-CDR 在 6 类中获得了最高的精度，在 6 类中获得了次高的精度。SSCTC-CDR 的总体精度、平均精度和 Kappa 系数比 HPSCC-SNT 稍差，但比其他方法好得多，并且 SSCTC-CDR 消耗的时间比 HPSCC-SNT 少得多。

表 5-11　不同算法在 Houston University 图像上的分类精度（%）及消耗的时间（s）

类别	SCC	SVM	CK-SVM	JSCC	HPSCC-SNT	SSCTC-CDR
1	94.69	95.70	96.94	96.49	96.70	**97.03**
2	97.79	97.77	98.35	**99.09**	98.44	99.07
3	99.70	99.67	98.80	**100.00**	100.00	100.00
4	88.70	95.00	96.69	93.45	**98.16**	96.08
5	97.51	98.40	99.68	99.57	**100.00**	99.78
6	95.05	88.72	84.73	95.94	**98.08**	95.24
7	74.78	84.00	88.34	81.54	**97.31**	84.39
8	76.82	77.37	78.02	80.46	**88.69**	81.69
9	68.67	74.91	72.04	77.39	76.96	**81.95**
10	87.60	86.98	88.19	94.41	96.39	**97.58**
11	69.19	71.80	82.93	86.09	87.07	**91.90**
12	70.43	65.59	76.22	83.44	84.34	**89.72**

续表

类别	SCC	SVM	CK-SVM	JSCC	HPSCC-SNT	SSCTC-CDR
13	22.58	26.04	60.20	55.07	**82.31**	67.05
14	95.74	96.37	98.96	99.88	**99.96**	99.90
15	98.53	98.34	96.64	99.48	**100.00**	99.98
OA	82.88±0.52	84.6±1.34	88.05±1.26	89.52±0.66	**93.12±0.34**	92.15±0.62
AA	82.52±**0.20**	83.78±1.22	87.78±1.25	89.49±0.63	**93.63±0.42**	92.0±9.55
Kappa×100	81.48±0.56	83.39±1.45	87.08±1.36	88.67±0.71	**92.56±0.37**	91.52±0.67
Time	30.54	28.76	46.55	305.53	2387.80	1014.10

4. 训练像素数量的影响

本实验研究训练像素的数量如何影响分类精度。对于 3 幅实验图像,从每个类别中随机选择 1%、2%、3%、4%、5% 的像素作为训练像素,其他像素分别用于测试。其他设置与前面的实验相同。图 5-12(a)～图 5-12(c)分别显示了不同方法在 3 幅实验图像的测试像素

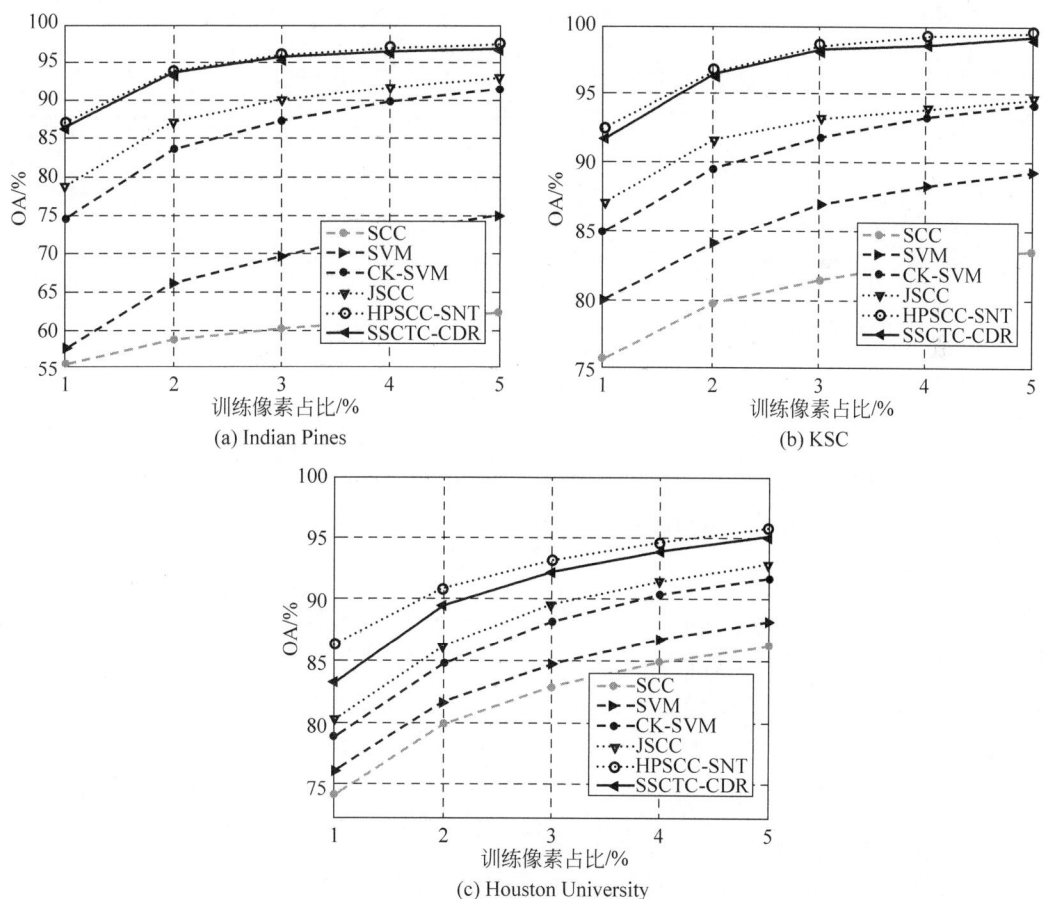

(a) Indian Pines

(b) KSC

(c) Houston University

图 5-12　训练像素数量对 SSCTC-CDR 性能的影响

上的平均总体精度。从图 5-12 中可以发现,使用相同的训练像素,SSCTC-CDR 的性能比 HPSCC-SNT 稍差,但比 SCC、SVM、CK-SVM 和 JSCC 更好。此外,随着训练像素数量的增加,每种方法的性能均得到改善,但是 SSCTC-CDR 得到的改善低于除了 HPSCC-SNT 以外的比较方法。原因可能是张量结构传达了很多空间信息,这有利于使用少量训练像素来获得高性能。

5. 参数 Ratio、T 和 S 的影响

在本实验中,以 Indian Pines 图像为例,研究参数压缩约简率 Ratio、空间邻域窗口宽度 T 和稀疏性水平 S 对 SSCTC-CDR 的分类性能的影响。将 Ratio、T 和 S 分别设置为 $10\%\sim 90\%$、$3\sim 13$ 和 $5\sim 80$,其他参数设置如上一个实验。平均总体精度分别如图 5-13(a) 和图 5-13(b) 所示。从图 5-13 可以观察到以下结果。

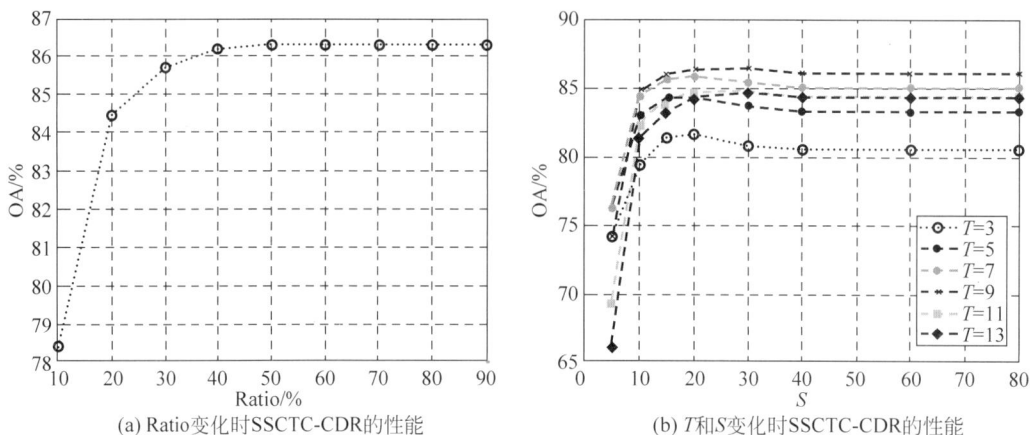

(a) Ratio变化时SSCTC-CDR的性能　　(b) T和S变化时SSCTC-CDR的性能

图 5-13　参数 Ratio、T 和 S 对 SSCTC-CDR 性能的影响

(1) 随着 Ratio 的增加,SSCTC-CDR 的总体精度稳定地增加,直到 Ratio 达到 50%,此后总体精度保持稳定。这表明 SSCTC-CDR 方法中压缩维数的减少可以在保持分类精度的同时大大降低计算成本和存储成本。

(2) 对于 SSCTC-CDR,当 S 小于 10 时,由于过低的稀疏性水平,性能很差。总体精度随着 S 的增加而增加,而当 S 超过 20 时,它基本上没有变化。这表明太高的稀疏性水平不能改善 SSCTC-CDR 的分类性能。

(3) 当 T 设为 3 或 5 时,窗口中包含的邻域信息不足,因此分类精度非常低。随着 T 的增加,总体精度在 9 处达到峰值,但当 T 大于 9 时开始降低。这可能是因为 T 太大,属于其他类别的像素被选择到空间邻域窗口中,从而导致分类错误。

因此,在前面的实验中,Indian Pines 图像上的 Ratio、T 和 S 分别设置为 50%、9 和 20。

5.3　基于 KTSSCC 的无人机载高光谱影像精确作物分类

5.3.1　引言

精确的作物分类对于农业监测和粮食安全评估很重要[51]。得益于对作物属性的精细光谱响应,近年来,高光谱遥感一直是一种流行的作物分类工具[52-53]。在我国南方,有许多小农区[54]。所以,平均地块大小远远小于星载或机载高光谱影像中单个像素的覆盖区域,因此难以正确分类农作物。无人机(Unmanned Aerial Vehicle,UAV)技术在过去十年中发展迅速,因此,可以通过无人机载系统以低成本实时获取丰富的高空间分辨率高光谱影像(hyperspectral imagery with high spatial resolutions)[55-57],简称 H2 影像。无人机载 H2 影像不仅提供了地物的详细光谱属性信息,还提供了它们精确的空间几何形状[58]。因此,它是精确作物分类的理想数据源。

然而,无人机载 H2 影像的作物分类面临许多挑战[58]。其中一些是 HIC 的常见问题,例如,维数灾难[59]和复杂的非线性数据结构[55]。其他问题是无人机载 H2 影像特有的,例如,异常高的空间分辨率导致显著的光谱多样性和空间异质性,从而导致光谱分辨性差。因此,仅使用光谱信息的分类器无法获得令人满意的分类结果,并且给分类图中带来了严重的椒盐(Salt-and-Pepper,SP)噪声[55,58]。因此,必须很好地表示无人机载 H2 影像的光谱特征,以提高光谱判别性。

近年来,深度学习是许多领域的研究热点。为了提高 HIC 方法的泛化能力,各种深度学习模型被提出并用于挖掘高光谱影像的高级语义特征,例如,卷积神经网络(Convolutional Neural Network,CNN)[55]、深度残差网络[58]和图卷积网络(Graph Convolutional Network,GCN)[61-62]。这些模型使 HIC 产生了巨大的飞跃,但为了得到稳健的分类性能,模型还需满足以下要求。

(1) 需要调整很多模型参数,这是一项非常艰巨且枯燥的工作。

(2) 可以满足高计算成本的要求。

(3) 模型需要大量的标记样本[62],但它们在基于无人机载 H2 影像的作物分类中非常有限[55]。

稀疏表示是一种简单有效的光谱特征表示方法。虽然高光谱影像是高维数据,但来自同一类的高光谱像素大致位于相同的低维光谱子空间。因此,结构化字典中的少量原子可以稀疏地表示未知像素。此外,相关的稀疏表示向量可以对类信息进行隐式编码。通过将空间同质性与这种稀疏表示机制相结合,Chen 等提出了 JSCC[17],并将其用于 HIC。JSCC 是一种无参数方法,在当时产生了最高的 HIC 精度。自提出以来,JSCC 在遥感领域引起了广泛关注,近年来提出了对 JSCC 的各种改进[63-64]。JSCC 模型及其各种改进可以很好地提取和利用高光谱数据的稀疏性和空间同质性,获得精确的 HIC 结果。

　　然而,高光谱影像是由 3 个因素(光谱、空间宽度和空间高度)相互作用产生的数据。JSCC 模型及其改进将高光谱影像表示为一个矩阵,它只考虑了两个空间因素,失去了它的三因素结构。因此,需要一种更合适的数据表示方法来有效地保留高光谱数据的固有空谱结构,一个自然的选择是将其描述为三维张量。Yang 等提出了两种分类器:SSCTC-CDR[66] 和 HPSCC-SNT[47],它们利用空间近邻张量在光谱模态上的稀疏性实现了稀疏编码分类。高光谱数据的张量稀疏编码可以更好地将其稀疏性与空间信息相结合,有效地保留了空间-光谱结构信息,从而显著提高了分类精度。此外,无人机载 H2 影像所包含的空间信息更为丰富,因此张量表示对无人机载 H2 影像分类的影响将更为显著。

　　但是,应该注意的是,HPSCC-SNT 和 SSCTC-CDR 方法不能有效处理复杂的非线性数据结构。该问题的一个已经过验证的解决方案是将数据投影到高维特征空间,在其中数据变为线性可分的,而核技巧可以实现这种非线性变换。此外,它避免了对特征空间中数据的显式评估。许多研究表明,利用基于核的方法可以显著提高高光谱或无人机载 H2 影像分类的性能[5,8,67-70]。

　　受这些成功工作的启发,提出了一种基于核张量切片稀疏编码的分类器(Kernel Tensor Slice Sparse Coding-based Classifier,KTSSCC)。对于每个未知的无人机载 H2 影像像素,选择以它为中心的小窗口中的像素作为其空间近邻。然后,根据空间位置排列这些空间相邻像素在特征空间中的表示来生成其核空间近邻张量(Kernel Spatial Neighbor Tensor,KSNT)。由于无人机载 H2 影像的稀疏性和空间同质性,每个 KSNT 中的光谱向量被期望由几个共同的训练像素的光谱向量稀疏表示。因此,与 KSNT 相关的稀疏编码系数形成了一个切片稀疏张量。参照 5.2 节,将该张量记为切片稀疏编码张量(Slice Sparse Coding Tensor,SSCT)。不直接在高维特征空间中计算 SSCT,而是在光谱空间中使用核技巧。本节提出了核张量切片稀疏正交匹配追踪(Kernel Tensor Slice Sparse Orthogonal Matching Pursuit,KTSSOMP)算法来自适应地学习 SSCT。SSCT 具有判别性,可用于实现无人机载 H2 影像的作物分类。

　　与现有的无人机载 H2 影像作物分类方法相比,KTSSCC 具有以下优点。

　　(1)利用特征空间中的核张量表示方案,对于无人机载 H2 影像像素,KTSSCC 可以充分保留其光谱特征和空间约束,同时提高线性可分性,从而大大提高了 KTSSCC 的作物分类性能。

　　(2)KTSSOMP 算法可以在光谱空间中自适应地学习稀疏编码系数。因此,在确保线性可分性的同时,可以降低计算成本。

　　(3)与深度学习方法不同,KTSSCC 模型中的参数很少。因此其性能相对稳健。而且,它可以避免调节大量的参数这项枯燥而艰苦的工作。

5.3.2　用于无人机载 H2 影像分类的 KTSSCC

将对应于光谱像素的光谱向量表示为 $\boldsymbol{x} = [x_1, x_2, \cdots, x_B] \in \mathfrak{R}^B$，无人机载 H2 影像分类旨在从一组已标记的高光谱像素 $\boldsymbol{X}_l = \{(\boldsymbol{x}_1, y_1), (\boldsymbol{x}_2, y_2), \cdots, (\boldsymbol{x}_L, y_L)\}$ 和 $\boldsymbol{x}$ 推断其标签 $y_l \in \{1, 2, \cdots, C\}$。在这个分类任务中，已标记的像素被选为训练样本，其他未标记的像素用于测试。为了缓解无人机载 H2 影像线性不可分造成的误分类，本节提出了一种新的张量框架下的核分类器。

1. 核张量切片稀疏编码

对于线性不可分的高光谱像素，映射 $\phi: \mathfrak{R}^B \rightarrow \mathfrak{R}^d \ (d > B)$ 可以将它们的光谱特征投影到像素是线性可分的高维特征空间中。设 $\boldsymbol{x} \in \mathfrak{R}^B$ 是一个未知的测试样本，假设它可以由几个训练样本在特征空间中线性表示，并且 $\phi(\boldsymbol{x}) \in \mathfrak{R}^d$ 是 $\boldsymbol{x}$ 在特征空间中的表示，则 $\phi(\boldsymbol{x})$ 可以被稀疏表示为

$$\phi(\boldsymbol{x}) = [\phi(x_1), \phi(x_2), \cdots, \phi(x_L)] \boldsymbol{\alpha} = \boldsymbol{D}_\phi \boldsymbol{\alpha} \tag{5-14}$$

其中，结构化字典 $\boldsymbol{D}_\phi = [\phi(x_1), \phi(x_2), \cdots, \phi(x_L)] \in \mathfrak{R}^{d \times L}$ 的第 l 列（$l = 1, 2, \cdots, L$）；$\phi(x_l)$ 表示训练样本 $\boldsymbol{x}_l$ 在特征空间中的表示；$\boldsymbol{\alpha}$ 是一个未知的稀疏向量。

除了稀疏性假设之外，空间相邻的高光谱像素很可能属于同一类。这意味着，在字典 $\boldsymbol{D}_\phi$ 下，$\boldsymbol{x}$ 的光谱向量及其空间近邻共享一个共同的稀疏模式。为了利用公共稀疏性来提高分类性能，这里选择以 $\boldsymbol{x}$ 为中心的 $T \times T$ 空间窗口中的像素作为其空间近邻，然后根据这 T^2 个像素的空间位置对这些像素在特征空间中的表示进行排列，从而生成其 KSNT，记为 $\underline{\boldsymbol{X}}_\phi \in \mathfrak{R}^{T \times T \times d}$。张量$\underline{\boldsymbol{X}}_\phi$ 可以被 Tucker 分解[33] 为

$$\underline{\boldsymbol{X}}_\phi = \underline{\boldsymbol{A}} \times_1 \boldsymbol{\Psi}_1 \times_2 \boldsymbol{\Psi}_2 \times_3 \boldsymbol{\Psi}_3 \tag{5-15}$$

其中，$\underline{\boldsymbol{A}} \in \mathfrak{R}^{T \times T \times L}$ 是核张量，因子矩阵 $\boldsymbol{\Psi}_1 = \boldsymbol{\Psi}_2 = \boldsymbol{I}_T$，$\boldsymbol{\Psi}_3 = \boldsymbol{D}_\phi$。得益于矩阵 $\boldsymbol{\Psi}_1$ 和 $\boldsymbol{\Psi}_2$ 的特殊性，式(5-15)可以化简为

$$\underline{\boldsymbol{X}}_\phi = \underline{\boldsymbol{A}} \times_3 \boldsymbol{D}_\phi \tag{5-16}$$

从字典$\boldsymbol{D}_\phi$ 下空间相邻像素的常见稀疏模式可以推断，核张量$\underline{\boldsymbol{A}}$ 关于 3 模态字典$\boldsymbol{D}_\phi$ 切片稀疏。可以通过求解下面的优化问题来计算 SSCTA

$$\min \| \underline{\boldsymbol{X}}_\phi - \underline{\boldsymbol{A}} \times_3 \boldsymbol{D}_\phi \|_F$$
$$\text{s. t. } \| \underline{\boldsymbol{A}} \|_0 \leqslant S \tag{5-17}$$

其中，$\| \cdot \|_F$ 是张量的 Frobenius 范数，$\| \underline{\boldsymbol{A}} \|_0$ 是$\underline{\boldsymbol{A}}$ 具有非零值的正面切片的数量，S 是预先设置的稀疏性水平。

为了简化计算，本节没有直接在特征空间求解 SSCT，而是提出了一种使用核技巧解决式(5-16)表示的优化问题的 KTSSOMP 算法，具体见算法 5-2，然后将像素分类到最接近 KSNT 的类别中。

算法 5-2：核张量切片稀疏正交匹配追踪(KTSSOMP)

输入：L 个已标记高光谱向量 $\{(\boldsymbol{x}_l, y_l), l=1,2,\cdots,L\}$ $(\boldsymbol{x}_l \in \mathfrak{R}^B)$ 和未标记高光谱向量 $\boldsymbol{x} \in \mathfrak{R}^B$，核函数 K，稀疏性水平 S。

输出：切片稀疏编码张量 $\underline{\boldsymbol{A}}$。

1：构造字典矩阵 $\boldsymbol{D} = [\boldsymbol{x}_1, \boldsymbol{x}_2, \cdots, \boldsymbol{x}_L] \in \mathfrak{R}^{B \times L}$ 和空间近邻张量 $\underline{\boldsymbol{X}} \in \mathfrak{R}^{T \times T \times B}$；

2：计算第 (l,m) 个元素为 $K(\boldsymbol{x}_l, \boldsymbol{x}_m)$ 的核矩阵 $\boldsymbol{K}_{\boldsymbol{D}}$ 和第 (i,j,l) 个元素为 $K(\boldsymbol{x}_{i,j,:}, \boldsymbol{x}_l)$ 的核张量 $\underline{\boldsymbol{K}}_{\boldsymbol{X},\boldsymbol{D}} \in \mathfrak{R}^{T \times T \times L}$；

3：设置 $s=0$，初始化 $\Lambda_0 = \arg \min\limits_{l=1,2,\cdots,L} \| (\underline{\boldsymbol{K}}_{\boldsymbol{X},\boldsymbol{D}})_{:,:,l} \|_F$；

4：当 $s \leqslant S$ 时，执行循环

    (1) 计算相关性张量 $\underline{\boldsymbol{C}} = \underline{\boldsymbol{K}}_{\boldsymbol{X},\boldsymbol{D}} - (\underline{\boldsymbol{K}}_{\boldsymbol{X},\boldsymbol{D}})_{:,:,\Lambda_{s-1}} \times_3 (\boldsymbol{K}_{\boldsymbol{D}})_{:,\Lambda_{s-1}} ((\boldsymbol{K}_{\boldsymbol{D}})_{\Lambda_{s-1},\Lambda_{s-1}} + \lambda \boldsymbol{I})^{-1} \in \mathfrak{R}^{T \times T \times L}$；

    (2) 寻找新索引 $\lambda_s = \arg \min\limits_{l=1,2,\cdots,L} \| (\underline{\boldsymbol{C}})_{:,:,l} \|_F$；

    (3) 合并选定的索引 $\Lambda_s = [\Lambda_{s-1}, \lambda_s]$；

    (4) $s = s+1$；

    (5) 返回索引集 $\Lambda_s = \Lambda_{s-1}$，切片稀疏编码张量 $\underline{\boldsymbol{A}}$，它的非零切片 $(\underline{\boldsymbol{K}}_{\boldsymbol{X},\boldsymbol{D}})_{:,:,\Lambda} \times_3 ((\boldsymbol{K}_{\boldsymbol{D}})_{\Lambda,\Lambda} + \lambda \boldsymbol{I})^{-1} \in \mathfrak{R}^{T \times T \times L}$ 用 Λ 索引；

5：结束循环。

    KTSSCC 的流程图在图 5-14 中给出了简单的描述。它包括两个阶段：核张量切片稀疏正交匹配追踪和分类。

    (1) 在第一个阶段，首先将训练样本的谱向量按其类别进行排序，形成字典矩阵，从中计算核矩阵；然后，对每个未标记像素排列其空间近邻的谱向量，生成其空间邻域张量，并与字典矩阵一起计算核空间近邻张量；最后，从核矩阵和 KSNT 中自适应地学习切片稀疏编码张量。

    (2) 在分类阶段，计算未知像素的 KSNT 与每个类训练样本的近似值之间的残差；然后，将未标记的像素分类为残差最小的类。

    2. 核张量切片稀疏正交匹配追踪

    受核方法的启发，本节使用核函数简化计算：

$$K: \mathfrak{R}^B \times \mathfrak{R}^B \to \mathfrak{R}(K(\boldsymbol{x}, \boldsymbol{y}) = \langle \phi(\boldsymbol{x}), \phi(\boldsymbol{y}) \rangle)$$

    $\boldsymbol{D} = [\boldsymbol{x}_1, \boldsymbol{x}_2, \cdots, \boldsymbol{x}_L] \in \mathfrak{R}^{B \times L}$ 由按类别排序的训练样本组成，SNT $\underline{\boldsymbol{X}} \in \mathfrak{R}^{T \times T \times B}$ 是通过重排 $\boldsymbol{x}$ 的空间邻域中 T^2 个像素的光谱向量生成的张量。可以发现

$$\boldsymbol{D}_\phi = \phi(\boldsymbol{D}), \quad \underline{\boldsymbol{X}}_\phi = \phi(\underline{\boldsymbol{X}})$$

    将 $\underline{\boldsymbol{X}}_\phi$ 的每个 3 模态向量记为 $(\underline{\boldsymbol{X}}_\phi)_{i,j,:}$ $(i,j=1,2,\cdots,T)$。它与字典 $\boldsymbol{D}_\phi$ 的原子之间的相关性可以通过下式计算：

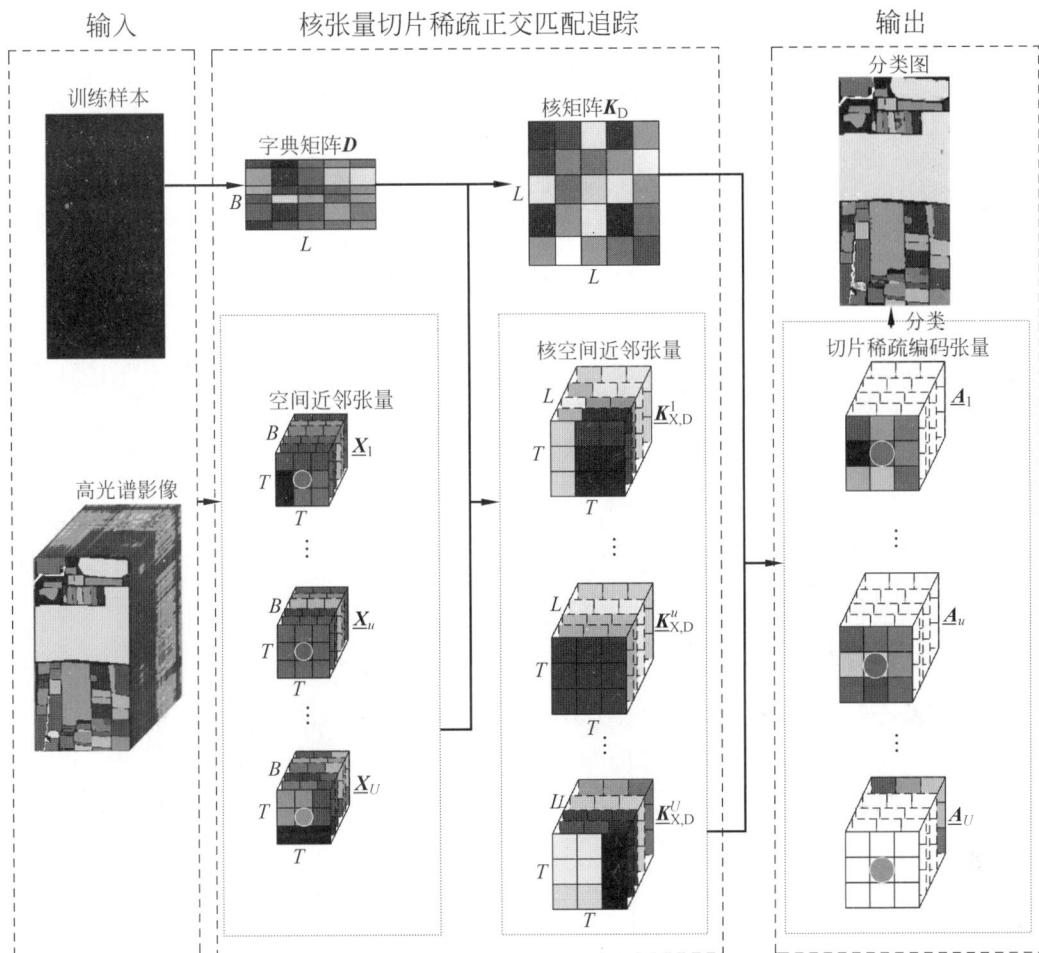

图 5-14　KTSSCC 方法的简要流程图

$$\langle(\boldsymbol{X}_{\phi})_{i,j,:},\phi(\boldsymbol{x}_l)\rangle=K(\underline{\boldsymbol{X}}_{i,j,:},\boldsymbol{x}_l)\quad(i,j=1,2,\cdots,T;l=1,2,\cdots,L)\quad(5\text{-}18)$$

类似地,字典 $\boldsymbol{D}_\phi$ 的两个原子之间的相关性可以用

$$\langle\phi(\boldsymbol{x}_l),\phi(\boldsymbol{x}_m)\rangle=K(\boldsymbol{x}_l,\boldsymbol{x}_m)\quad(l,m=1,2,\cdots,L)\tag{5-19}$$

计算。设 $\underline{\boldsymbol{K}}_{\boldsymbol{X},\boldsymbol{D}}\in\mathfrak{R}^{T\times T\times L}$ 为第 (i,j,l) 个元素为 $K(\boldsymbol{x}_{i,j,:},\boldsymbol{x}_l)$ 的核张量, $\boldsymbol{K}_{\boldsymbol{D}}\in\mathfrak{R}^{L\times L}$ 为第 (l,m) 个元素为 $K(\boldsymbol{x}_l,\boldsymbol{x}_m)$ 的核矩阵。假设选择了一组原子 $\{\phi(\boldsymbol{x}_l)\}_{l\in\Lambda}$,则 $(\underline{\boldsymbol{X}}_\phi)_{i,j,:}(i,j=1,2,\cdots,T)$ 可以近似表示为

$$((\underline{\boldsymbol{K}}_{\boldsymbol{X},\boldsymbol{D}})_{i,j,\Lambda}\times_3((\underline{\boldsymbol{K}}_{\boldsymbol{D}})_{\Lambda,\Lambda}+\lambda\boldsymbol{I})^{-1})\times_3(\boldsymbol{D}_\phi)_{:,\Lambda}=(\underline{\boldsymbol{K}}_{\boldsymbol{X},\boldsymbol{D}})_{i,j,\Lambda}\times_3(\boldsymbol{D}_\phi)_{:,\Lambda}((\boldsymbol{K}_{\boldsymbol{D}})_{\Lambda,\Lambda}+\lambda\boldsymbol{I})^{-1}$$

$$(5\text{-}20)$$

其中, λ 是一个非常小的标量,加上正则项是为了获得稳定的逆。那么 $(\underline{\boldsymbol{X}}_\phi)_{i,j,:}(i,j=1,2,\cdots,T)$ 及其近似之间的残差向量为

$$(\underline{\boldsymbol{R}}_{\phi})_{i,j,:} = (\underline{\boldsymbol{X}}_{\phi})_{i,j,:} - (\underline{\boldsymbol{K}}_{\underline{\boldsymbol{X}},\boldsymbol{D}})_{:,:,\Lambda} \times_3 (\boldsymbol{D}_{\phi})_{:,\Lambda} ((\boldsymbol{K}_{\boldsymbol{D}})_{\Lambda,\Lambda} + \lambda \boldsymbol{I})^{-1} \tag{5-21}$$

$(\underline{\boldsymbol{R}}_{\phi})_{i,j,:}$ 和 $\phi(\boldsymbol{x}_l)$ 之间的相关性是

$$\langle (\underline{\boldsymbol{R}}_{\phi})_{i,j,:}, \phi(\boldsymbol{x}_l) \rangle = K(\underline{\boldsymbol{X}}_{i,j,:}, \boldsymbol{x}_l) - (\underline{\boldsymbol{K}}_{\underline{\boldsymbol{X}},\boldsymbol{D}})_{:,:,\Lambda} \times_3 (\boldsymbol{K}_{\boldsymbol{D}})_{\Lambda,l} ((\boldsymbol{K}_{\boldsymbol{D}})_{\Lambda,\Lambda} + \lambda \boldsymbol{I})^{-1}$$

$$\tag{5-22}$$

那么相关性张量 $\underline{\boldsymbol{C}} \in \Re^{T \times T \times L}$ 的第 (i,j,l) 个元素 $\langle (\underline{\boldsymbol{R}}_{\phi})_{i,j,:}, \phi(\boldsymbol{x}_l) \rangle$ 可以由

$$\underline{\boldsymbol{C}} = \underline{\boldsymbol{K}}_{\underline{\boldsymbol{X}},\boldsymbol{D}} - (\underline{\boldsymbol{K}}_{\underline{\boldsymbol{X}},\boldsymbol{D}})_{:,:,\Lambda} \times_3 (\boldsymbol{K}_{\boldsymbol{D}})_{:,\Lambda} ((\boldsymbol{K}_{\boldsymbol{D}})_{\Lambda,\Lambda} + \lambda \boldsymbol{I})^{-1} \tag{5-23}$$

计算。在 KTSSOMP 中,每次迭代都会选择同时最逼近所有 T^2 个像素的原子。具体来说,在初始化步骤中,所选原子应与 $(\underline{\boldsymbol{X}}_{\phi})_{i,j,:} (i,j = 1, 2, \cdots, T)$ 具有最大的相关性。换句话说,我们从正面切片中选择具有最高 $\| \underline{\boldsymbol{K}}_{\underline{\boldsymbol{X}},\boldsymbol{D}} \|_F$ 的新原子。初始化后,新选择的原子应该同时与 $(\underline{\boldsymbol{R}}_{\phi})_{i,j,:} (i,j = 1, 2, \cdots, T)$ 具有最大的相关性。换句话说,选择的新原子应与正面切片具有最高的 $\| \underline{\boldsymbol{C}} \|_F$。

3. 分类

一旦获得切片稀疏编码张量 $\underline{\boldsymbol{A}}$,未知像素 $\boldsymbol{x}$ 的 KSNT 与第 c 类训练样本的近似值之间的残差为

$$
\begin{aligned}
r_c(\underline{\boldsymbol{X}}_{\phi}^r) &= \| \underline{\boldsymbol{X}}_{\phi} - \underline{\boldsymbol{A}}_c \times_3 \boldsymbol{D}_{\phi,c} \|_F \\
&= \langle \underline{\boldsymbol{X}}_{\phi} - \underline{\boldsymbol{A}}_c \times_3 \boldsymbol{D}_{\phi,c}, \underline{\boldsymbol{X}}_{\phi} - \underline{\boldsymbol{A}}_c \times_3 \boldsymbol{D}_{\phi,c} \rangle^{\frac{1}{2}} \\
&= \left(\sum_{i,j=1}^{T} (K((\underline{\boldsymbol{X}})_{i,j,:}, (\underline{\boldsymbol{X}})_{i,j,:}) - 2(\boldsymbol{A}_c)_{i,j,:} (\underline{\boldsymbol{K}}_{\underline{\boldsymbol{X}},\boldsymbol{D}_c})^{\mathrm{T}}_{i,j,:} + (\boldsymbol{A}_c)_{i,j,:} \boldsymbol{K}_{\boldsymbol{D}_c} (\boldsymbol{A}_c)^{\mathrm{T}}_{i,j,:}) \right)^{\frac{1}{2}}
\end{aligned}
$$

$$\tag{5-24}$$

其中,$\boldsymbol{D}_c \in \Re^{B \times L_c} \left(L = \sum_{c=1}^{C} L_c \right)$ 是由第 c 类训练样本的光谱特征构成的子字典;$\boldsymbol{D}_{\phi,c} \in \Re^{d \times L_c}$ 是 $\boldsymbol{D}_c$ 在特征空间中的表示;$\underline{\boldsymbol{A}}_c \in \Re^{T \times T \times L_c}$ 由 $\underline{\boldsymbol{A}}$ 中与 $\boldsymbol{D}_c$ 对应的 L_c 正面切片组成;$\underline{\boldsymbol{K}}_{\underline{\boldsymbol{X}},\boldsymbol{D}_c} \in \Re^{T \times T \times L_c}$ 是第 (i,j,l_c) 个元素为 $K(\underline{\boldsymbol{X}}_{i,j,:}, \boldsymbol{x}_{l_c})$ 的核张量;$\boldsymbol{K}_{\boldsymbol{D}_c} \in \Re^{L_c \times L_c}$ 是第 (l_c, m_c) 个元素的核矩阵为 $K(\boldsymbol{x}_{l_c}, \boldsymbol{x}_{m_c})$,$\boldsymbol{x}_{l_c}, \boldsymbol{x}_{m_c}$ 是 $\boldsymbol{D}_c$ 的原子,那么 $\boldsymbol{x}$ 的标记可以由

$$y = \arg \min_{c=1,2,\cdots,C} r_c(\underline{\boldsymbol{X}}_{\phi}^r) \tag{5-25}$$

进行预测。

5.3.3 实验结果与分析

本节将 KTSSCC 的性能与以下几种最先进的方法进行比较评估。

(1) 支持向量机[5]。

(2) 带有条件随机场分类器的 CNN(CNN with a Conditional Random Field classifier,CNNCRF)[56]。

（3）光谱补丁网络（Spectral Patching Network，SPNet）[59]。

（4）带有 SVM 的局部相关熵矩阵（Local Corr-Entropy Matrix，LCEM）[71]。

（5）CNN 增强型 GCN（CNN-enhanced GCN，CEGCN）[62]。

（6）HPSCC-SNT[47]。

在武汉大学 RSIDEA 研究组收集和提供的两个无人机高光谱影像数据集上[58,72-73]，评估 KTSSCC 方法和这些比较方法的性能。这两个数据集分别是 WHU-Hi-HongHu 和 WHU-Hi-HanChu。

1. 实验数据

在无人机载 H2 影像数据集 WHU-Hi-HongHu 和 WHU-Hi-HanChu 上评估 KTSSCC 的性能。这两个数据集是从中国湖北省具有几种不同作物类别的农业区获得的。两个实验数据集分别包含从 400～1000nm 的 270 和 274 个波段。它们的空间分辨率分别为 0.043m 和 0.109m。

第一个数据集 WHU-Hi-HongHu 的数据于 2017 年 11 月 20 日在洪湖市采集。试验区农业环境复杂，农作物种类繁多，同一农作物品种繁多。图 5-15（a）和表 5-12 给出了 WHU-Hi-HongHu 数据的概述。

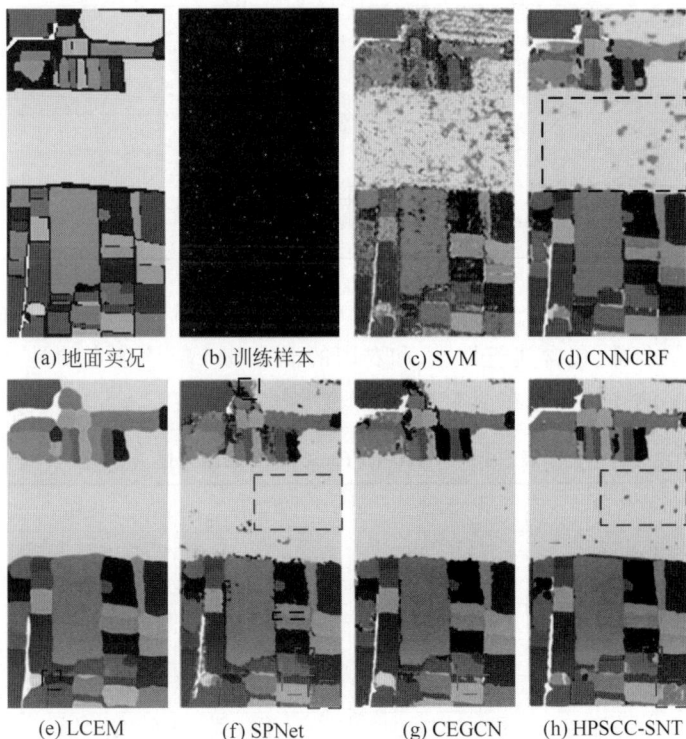

| (a) 地面实况 | (b) 训练样本 | (c) SVM | (d) CNNCRF |

| (e) LCEM | (f) SPNet | (g) CEGCN | (h) HPSCC-SNT |

图 5-15 不同算法在 WHU-Hi-HongHu 数据集上的分类图

彩图

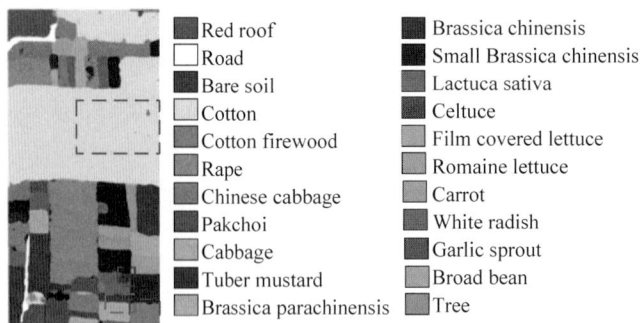

(i) KTSSCC

图 5-15 （续）

表 5-12　WHU-Hi-HongHu 数据描述

类别	名　称	样本数目	类别	名　称	样本数目
1	Red roof	14 041	12	Brassica chinensis	8954
2	Road	3512	13	Small Brassica chinensis	22 507
3	Bare soil	21 821	14	Lactuca sativa	7356
4	Cotton	163 285	15	Celtuce	1002
5	Cotton firewood	6218	16	Film covered lettuce	7262
6	Rape	44 557	17	Romaine lettuce	3010
7	Chinese cabbage	24 103	18	Carrot	3217
8	Pakchoi	4054	19	White radish	8712
9	Cabbage	10 819	20	Garlic sprout	3486
10	Tuber mustard	12 394	21	Broad bean	1328
11	Brassica parachinensis	11 015	22	Tree	4040

第二个实验数据集 WHU-Hi-HanChuan 的数据于 2016 年 6 月 17 日在汉川获得。该地区是一个城乡结合部，包含建筑物、水和农田的混合物。应该注意的是，图像包含很多阴影区域。该数据集的详细信息在图 5-16(a)和表 5-13 中提供。

表 5-13　WHU-Hi-HanChuan 数据描述

类别	名称	样本数目	类别	名称	样本数目
1	Strawberry	44 735	9	Grass	9469
2	Cowpea	22 753	10	Red roof	10 516
3	Soybean	10 287	11	Gray roof	16 911
4	Sorghum	5353	12	Plastic	3679
5	Water spinach	1200	13	Bare soil	9116
6	Watermelon	4533	14	Road	18 560
7	Greens	5903	15	Bright object	1136
8	Trees	17978	16	Water	75 401

2. 算法性能评估

1）WHU-Hi-HongHu 上的算法性能研究

通过与 SVM、CNNCRF、SPNet、LCEM、CEGCN 和 HPSCC-SNT 方法的比较，在 WHU-HiHu 数据集上对 KTSSCC 的性能进行了定性和定量评价。本实验遵循 Zhong 等[57,74]的实验设置，每类选择 100 个像素作为训练样本，如图 5-15（b）所示，其他像素作为测试样本。对于 SVM，采用一对一策略解决多分类问题，并通过交叉验证得到其参数。在 LCEM 中，降维后的维数 B 设置为 20，窗口因子 T_λ 和比例因子 K_p 分别设置为 30 和 0.55。在 CEGCN 中，学习率和价值比率分别为 0.0005 和 0.01，迭代次数设置为 200。HPSCC-SNT 中的最大迭代次数 J 设置为 5。KTSSCC 中的稀疏性水平 S 设置为 60。HPSCC-SNT 和 KTSSCC 中的空间窗口宽度 T 均设置为 11。HPSCC-SNT 和 KTSSCC 中的正则化参数通过交叉验证在 $\{10^t\}_{t=-6}^{-4}$ 范围内进行调整。此外，使用径向基内核作为我们提出的 KTSSCC 的内核函数。并通过 5 折交叉验证对内核参数 γ 在 $\{2^t\}_{t=-8}^{-2}$ 范围内进行微调。CNNCRF 和 SPNet 的实验结果分别来自文献[56]和文献[59]。

图 5-15（c）～图 5-15（i）分别展示了这 7 种方法的视觉分类图。从图 5-15 可以看出，仅基于光谱信息的 SVM 分类结果显示出明显的 SP 噪声和错误分类。考虑空间信息和光谱信息的 CNNCRF 和 LCEM 方法明显减少了 SP 噪声和错误分类。但仍有不少误分类，如图 5-15（d）虚线框中的 cotton 被 CNNCRF 误标为 cotton firewood。LCEM 将图 5-15（e）虚线框中 cotton 误分为 pakchoi 和 brassica chinensis 等。得益于图深度学习和张量数据表示方案，CEGCN 和 HPSCC-SNT 可以很好地区分地面物体，其分类图看起来更平滑。但是，存在一些小洞和孤立的错误分类区域，可以使用 SPNet 和 KTSSCC 很好地进行改进。SPNet 中的光谱补丁机制和深度编解码器网络使其能够很好地提取全局空间信息和多尺度的高级语义特征。SPNet 的分类图非常平滑，但存在一些补丁误分类。例如，顶部的一些 cotton 误分为 cotton firewood 类。而底部的一些 small Brassica chinensis 被误分为 Romaine lettuce 类。KTSSCC 利用核技巧和张量稀疏编码，分类结果也令人满意。然而，像素级分类和固定的空间窗口尺度带来了少量的错误标记像素，特别是在不同类的边界上。

除定性评价外，还利用 4 个评价指标（每类精度、整体精度、平均精度和 Kappa 系数）对 7 种方法进行了定量评估。表 5-14 列出了不同方法对测试样本的量化评价指标，每行的最佳结果以粗体显示。从表 5-14 可以看出，在 22 个类中，KTSSCC 对 cotton firewood、celtuce、romaine lettuce、garlic sprout、broad bean 和 tree 6 个类实现了 100% 的分类精度。此外，在所有方法中，它在另外 6 个类别中获得了最高的精度，在另外 7 个类别中获得了第二高的精度。此外，KTSSCC 的总体精度和平均精度均高于 98%，其 Kappa 系数为 0.9756，远高于比较方法的相应值。

表 5-14 不同方法在 WHU-Hi-HongHu 数据集上的分类精度

类别	SVM	CNNCRF	SPNet	LCEM	CEGCN	HPSCC-SNT	KTSSCC
1	83.93	**98.32**	98.16	97.81	97.77	97.93	97.37
2	87.34	95.93	**97.86**	45.19	96.78	96.69	95.93
3	72.85	95.66	96.10	89.74	93.78	96.48	**96.81**
4	78.96	94.76	97.76	98.04	**99.51**	97.92	98.93
5	77.25	99.75	**100.00**	99.38	99.54	**100.00**	**100.00**
6	81.95	92.54	96.73	94.05	92.10	96.57	**96.75**
7	59.25	90.46	94.84	90.11	87.21	86.49	**96.08**
8	41.63	81.36	99.90	99.34	95.65	**99.97**	99.95
9	90.86	95.90	98.31	97.41	95.31	99.72	**99.91**
10	54.08	95.31	**97.45**	93.33	93.78	88.12	95.67
11	48.31	93.08	**94.91**	92.05	92.06	90.74	94.45
12	61.31	84.20	**97.91**	91.73	91.35	92.48	97.73
13	49.86	83.80	95.87	92.25	87.52	92.97	**98.59**
14	63.78	96.51	98.00	78.61	96.27	97.82	**98.68**
15	85.92	**100.00**	**100.00**	98.00	98.00	**100.00**	**100.00**
16	78.01	96.34	**99.47**	97.57	96.37	97.61	99.22
17	70.65	98.87	**100.00**	97.39	99.73	**100.00**	**100.00**
18	79.24	98.17	99.78	98.52	99.29	**100.00**	99.52
19	68.22	95.65	95.89	93.89	**97.32**	95.48	97.17
20	77.85	98.64	**100.00**	98.61	99.62	**100.00**	**100.00**
21	74.67	**100.00**	99.59	99.51	**100.00**	99.92	**100.00**
22	81.14	**100.00**	**100.00**	99.49	**100.00**	**100.00**	**100.00**
OA/%	73.55	93.74	97.34	94.90	95.86	96.15	**98.07**
AA/%	71.23	94.78	98.11	92.82	95.84	96.68	**98.31**
Kappa	0.6805	0.9217	0.9665	0.9358	0.9476	0.9515	**0.9756**

2) WHU-Hi-HanChuan 上的算法性能研究

分别视觉地和定量地评估了 KTSSCC 在 WHU-Hi-HanChuan 数据集上的性能。按照钟等人的实验设置[56,59,73],本实验每类选择 100 个像素进行训练,如图 5-16(b)所示,其他像素用于测试。参数设置与 WHU-Hi-HongHu 数据集上的实验相同。图 5-16(c)~图 5-16(i)展示了这 7 种方法的视觉分类图。如图 5-16 所示,在 SVM 的分类图中,存在明显的 SP 噪声和误分类。通过挖掘高光谱影像的高级语义特征,该问题在 CEGCN 和 CNNCRF 的分类图中得到了明显的改善。但是,阴影区域仍然存在许多错误分类。例如,图 5-16(g)虚线框中的部分 Road 被 CEGCN 错误地标记为 red roof 和 bare soil 类。CNNCRF 错误地将一些图 5-16(d)虚线框中的 gray roof 标记为 water。通过利用空间信息,LCEM 和 HPSCC-SNT 的分类图有很好的空间同质性,但分类结果中存在一些孔洞和孤立区域。通过利用核技巧,KTSSCC 方法消除了 LCEM 和 HPSCC-SNT 中的错误分类。SPNet 方法也实现了这一点。LCEM 和 HPSCC-SNT 的分类图中的大部分孔洞和孤立区域在 SPNet 和我们提出的 KTSSCC 生成的图中不存在。从图 5-16 可以发现,SPNet 和 KTSSCC 的分类结果非常接近地面实况。SPNet 极少的误分类是一些误分类的斑块,例如,图 5-16(f)虚线框中的 gray roof 被错误地标记为 red roof 类。在 KTSSCC 的分类图中有很少的小洞,例如,图 5-16(i)虚线框中的 strawberry 被误分为 watermelon 类。

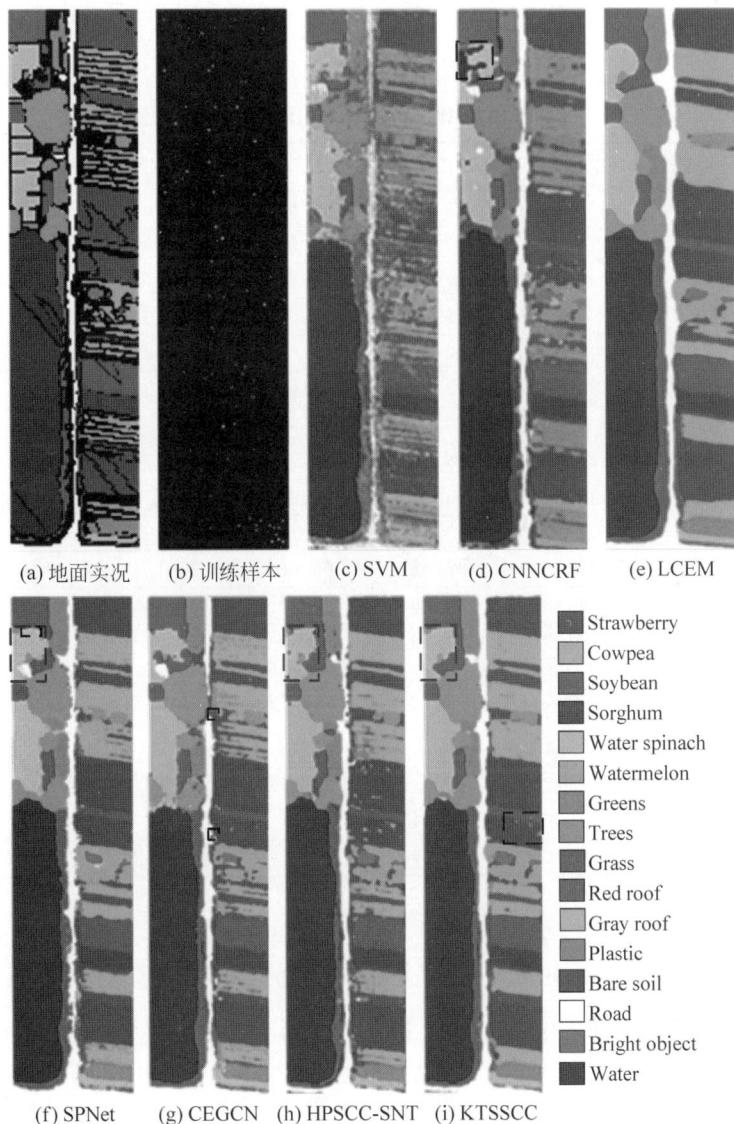

(a) 地面实况　　(b) 训练样本　　(c) SVM　　(d) CNNCRF　　(e) LCEM

■	Strawberry
■	Cowpea
■	Soybean
■	Sorghum
■	Water spinach
■	Watermelon
■	Greens
■	Trees
■	Grass
■	Red roof
■	Gray roof
■	Plastic
■	Bare soil
□	Road
■	Bright object
■	Water

(f) SPNet　　(g) CEGCN　　(h) HPSCC-SNT　　(i) KTSSCC

图 5-16　不同算法在 WHU-Hi-HanChuan 数据集上的分类图

彩图

　　从表 5-15 的定量评价指标中也可以得到类似的结论。由表 5-15 可知,在 16 个类中,KTSSCC 对 soybean、water spinach、watermelon、red roof、plastic 和 bright object 这 6 个类实现了 100% 的分类精度。此外,在其他 10 个类别中,它分别达到了所有方法中 3 个类别的最高和第二高精度。此外,KTSSCC 的整体精度、平均精度和 Kappa 系数分别为 98.45%、98.48% 和 0.9818,远高于 SVM、CNN-CRF、LCEM、CEGCN 和 HPSCC-SNT 方法的相应值。SPNet 的分类精度虽然比 KTSSCC 略差,但对计算环境的要求远高于 KTSSCC,而且 SPNet 中有更多的参数。

表 5-15　不同方法在 WHU-Hi-HongHu 数据集上的分类精度

类别	SVM	CNNCRF	SPNet	LCEM	CEGCN	HPSCC-SNT	KTSSCC
1	72.30	95.01	99.07	**99.09**	98.15	98.12	98.66
2	50.77	93.95	**97.09**	94.93	94.36	93.58	96.28
3	72.66	99.13	99.51	98.94	95.87	95.68	**100.00**
4	95.68	99.28	99.26	98.95	99.16	98.91	**99.51**
5	82.91	99.91	**100.00**	99.64	**100.00**	100.00	100.00
6	49.09	83.28	99.26	95.56	93.12	96.41	**100.00**
7	90.38	99.05	99.55	99.47	90.50	99.66	**99.74**
8	61.02	77.60	**98.37**	97.72	92.81	97.06	97.43
9	63.19	89.09	**96.22**	94.00	94.13	91.09	93.97
10	89.50	97.49	98.97	98.78	99.57	99.69	**100.00**
11	93.61	84.16	97.85	98.00	96.13	99.37	**99.83**
12	63.17	98.83	**100.00**	99.78	97.15	98.83	100.00
13	57.95	78.59	**93.89**	90.13	88.94	88.50	93.43
14	65.04	95.01	**97.66**	95.95	92.11	96.60	97.23
15	72.49	92.66	**100.00**	94.40	95.56	100.00	100.00
16	95.56	**99.94**	98.33	99.19	97.53	99.75	99.56
OA/%	77.61	93.95	98.21	97.77	95.93	97.51	**98.45**
AA/%	73.46	92.69	98.44	97.16	95.32	97.08	**98.48**
Kappa	0.7414	0.9290	0.9791	0.9739	0.9524	0.9709	**0.9818**

3) 算法计算效率

　　首先研究 KTSSCC 方法的计算效率。实验环境的具体配置如下:硬件采用具有 4 个 TESLA-V100 16G GPU 和 20 个 128GB 内存的 Intel Xeon CPU E5-2640 v4 @ 2.40,软件采用的是运行在 CUDA 10.1 下的 MATLAB R2020a。基于此环境,执行 CNNCRF、SPNet、LCEM、HPSCC-SNT 和 KTSSCC 的模拟实验,实验条件与前两项研究中使用的条件相同。

　　表 5-16 列出了不同方法在 WHU-Hi-HongHu 和 WHU-Hi-HanChu 数据集上消耗的训练和测试时间。从表 5-16 可以看出,在 WHU-Hi-HanChuan 数据集上,KTSSCC 比

CNNCRF、LCEM 和 HPSCC-SNT 消耗更多的时间,因为 KTSSOMP 利用贪婪优化来求解每个测试像素的 SSCT。在具有更多对象类别的 WHU-Hi-HongHu 数据集上,KTSSCC 的消耗时间增加很少,这得益于为每个测试像素求解 SSCT 并不会增加太多计算量。然而,由于 CRF 模型必须推断出每个像素与其邻居之间的链接,因此 CNNCRF 的测试速度相对较慢。此外,在 HPSCC-SNT 中求解其逆矩阵的规模变大了,因此 HPSCC-SNT 的测试时间显著增加。总之,KTSSCC 的消耗时间之和比 CNNCRF 和 HPSCC-SNT 要少得多。此外,SPNet 非常复杂的网络模型在 WHU-Hi-HongHu 和 WHU-HiHanChuan 数据集上提供了第二好的性能,但是比 KTSSCC 消耗了更多的时间。KTSSCC 在对多类别无人机载 H2 影像分类的计算效率方面具有优势。

表 5-16　不同方法在 WHU-Hi 数据集上的分类时间(s)

数　据　集		CNNCRF	SPNet	LCEM	HPSCC-SNT	KTSSCC
WHU-Hi-HongHu	训练时间	347.36	2466.26	429.35	0	0
	测试时间	420.13	136.88	17.02	749.97	565.45
WHU-Hi-HanChuan	训练时间	273.13	1884.60	54.05	0	0
	测试时间	199.22	111.08	5.89	488.11	509.03

3. 训练样本数量对 KTSSCC 性能的影响

本实验通过将 KTSSCC 与其他 5 种方法进行比较,研究了训练样本量与分类精度之间的关系。按照文献[56]和文献[59]的设置,对于每个实验数据集,每类均使用 50～300 个样本进行训练,其他样本用于测试。其他实验设置与前面的实验相同。图 5-17 显示了通过不同方法获得的测试样本的整体精度。图 5-17 表明,对于任意数量的训练样本,KTSSCC 在所有数据集上获得了最高的整体精度。此外,各种方法的整体精度随着训练样本数量的增加而增加。但是,当 WHU-Hi-HongHu 数据集上每类的训练样本超过 150 个时,KTSSCC

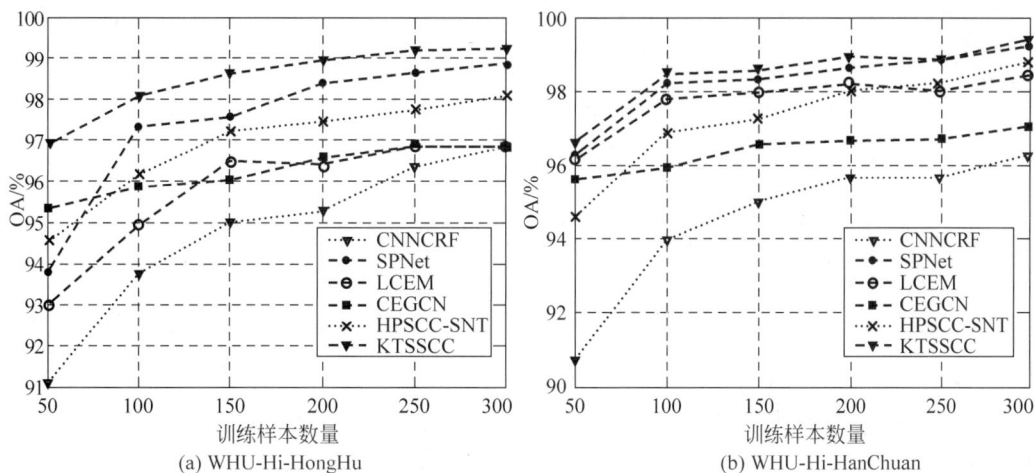

(a) WHU-Hi-HongHu　　　　(b) WHU-Hi-HanChuan

图 5-17　训练样本数量对 KTSSCC 性能的影响

方法得到的整体精度增长速度远远慢于 CNNCRF 和 SPNet。原因可能是 KTSSCC 方法对于每类 150 个训练样本已经收敛到相对较高的整体精度。在 WHU-Hi-HanChuan 数据集上，KTSSCC 方法在每类 100 个训练样本时实现了较高的整体精度。

4. 参数 T 和 S 对 KTSSCC 性能的影响

本实验评估了参数 T 和 S 如何影响 KTSSCC 的性能。对于每个实验数据，每类随机选择 1000 个测试样本作为验证样本。空间窗口宽度 T 范围为 3～15，稀疏性水平的可选范围为 $\{5,10,15,20,30,40,60,80,100\}$。其他实验设置与前面介绍的实验一致。

为了消除验证样本的随机性带来的影响，在相同的实验条件下进行了 20 组独立的实验，并报告了平均结果。图 5-18(a) 和图 5-18(b) 分别展示了 KTSSCC 在两个实验数据集的验证样本上的整体精度，表明在 WHU-Hi-HongHu 和 WHU-Hi-HanChuan 数据集上的整体精度随着 T 的增加而增加。此外，对于所有 T 值，随着 S 的增加，整体精度先快速增加，然后在 S 达到 60 时趋于稳定。对于不小于 60 的固定 S 值，随着 T 的增加，整体精度首先增加，然后对于 WHU-HiHongHu 和 WHU-Hi-HanChuan 数据集，当 T 分别达到 13 和 11 时开始减少。这表明 WHU-Hi-HongHu 和 WHU-Hi-Hanchuan 数据集的空间同质邻域大小对于分类是一个重要的因素。

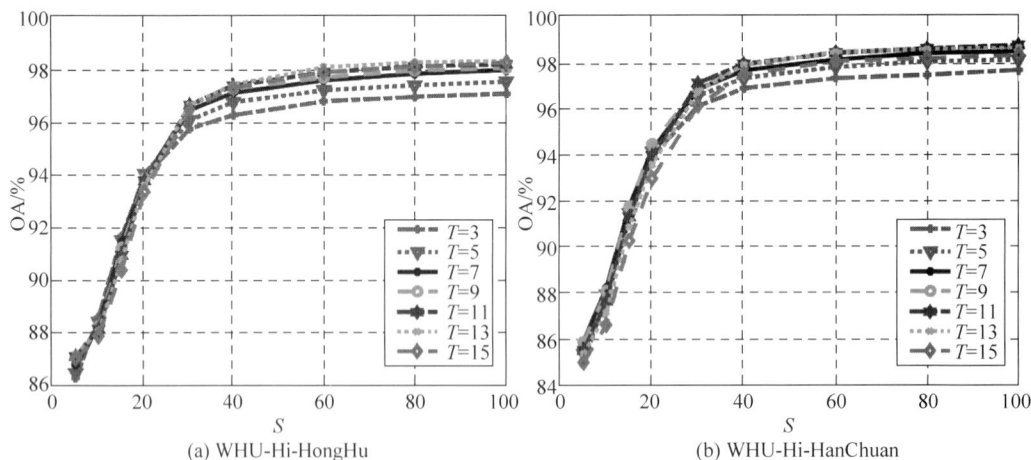

图 5-18　参数 T 和 S 对 KTSSCC 性能的影响

除分类精度外，相应的消耗时间分别如图 5-19(a) 和图 5-19(b) 所示，对于每个固定的 T 值，WHU-HiHongHu 和 WHU-Hi-HanChuan 数据集的消耗时间上随着 S 的增加而迅速增加。此外，消耗的时间也随着 T 的增加而增加。因此，通过考虑性能和效率之间的权衡，对于前 3 个实验，将空间窗口宽度 T 设置为 11，将稀疏性水平 S 设置为 60。

此外，为了具体直观地研究参数 T 如何影响非平滑区域的性能，在 WHU-Hi-HongHu 数据集的子图中，评估 T 变化下 KTSSCC 的视觉性能，如图 5-20(a) 所示。图 5-20(b)～

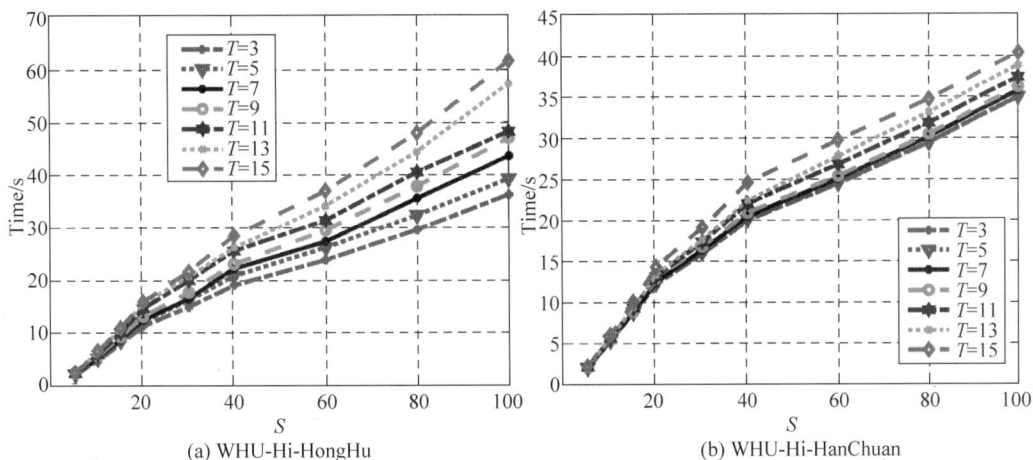

(a) WHU-Hi-HongHu

(b) WHU-Hi-HanChuan

图 5-19 参数 T 和 S 对 KTSSCC 效率的影响

图 5-20(h)分别为 T 分别为 3、5、7、9、11、13、13、15 时 KTSSCC 的视觉图。从图 5-20(b)～图 5-20(h)可以看出,对于较小的 T,误分类主要在内部区域,但 T 较大时主要在边界区域。换句话说,对于非光滑区域,对于较小的 T,分类图的空间匀质性更好。这是因为对于非光滑区域,大的 T 导致大的空间邻域,从而具有与中心像素属于不同类别的像素,对分类产生负面影响。

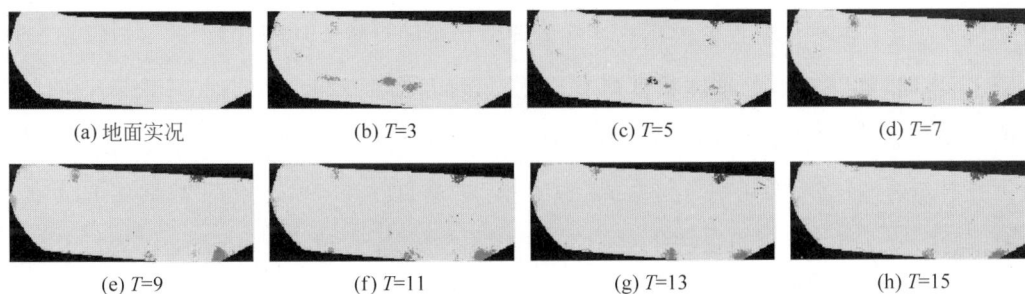

(a) 地面实况

(b) $T=3$

(c) $T=5$

(d) $T=7$

(e) $T=9$

(f) $T=11$

(g) $T=13$

(h) $T=15$

图 5-20 KTSSCC 在 WHU-Hi-HongHu 数据集子图上的性能

5. 参数 γ 对 KTSSCC 性能的影响

该实验评估了 RBF 核参数 γ 对 KTSSCC 性能的影响。这里,γ 在 $\{2^t\}_{t=-10}^{4}$ 内变化,验证样本按照上一个实验的方式随机选择,其他实验设置与算法性能评估中相同。随着 γ 在 $\{2^t\}_{t=-10}^{4}$ 内变化,通过利用图 5-15(b)和图 5-16(b)中的样本进行训练,验证样本上的平均整体精度分别在图 5-21(a)和图 5-21(b)中进行评估和描述。从图 5-21(a)中发现,随着 γ 的增加,整体精度快速上升直到 2^{-9},然后整体精度缓慢上升直到 2^{-2},当 γ 大于 2^{-2} 时,整体精度迅速下降。当 γ 在 $\{2^t\}_{t=-9}^{-2}$ 范围内时,WHU-Hi-HongHu 数据集的整体精度变化

不大于 2.61。换言之，KTSSCC 在 WHU-Hi-HongHu 数据集上对 $\{2^t\}_{t=-9}^{-2}$ 范围内的参数 γ 具有相对稳健性。从图 5-21(b) 可以得出类似的结论，WHU-Hi-HanCuan 数据集上 γ 的相对稳健范围为 $\{2^t\}_{t=-8}^{-2}$。

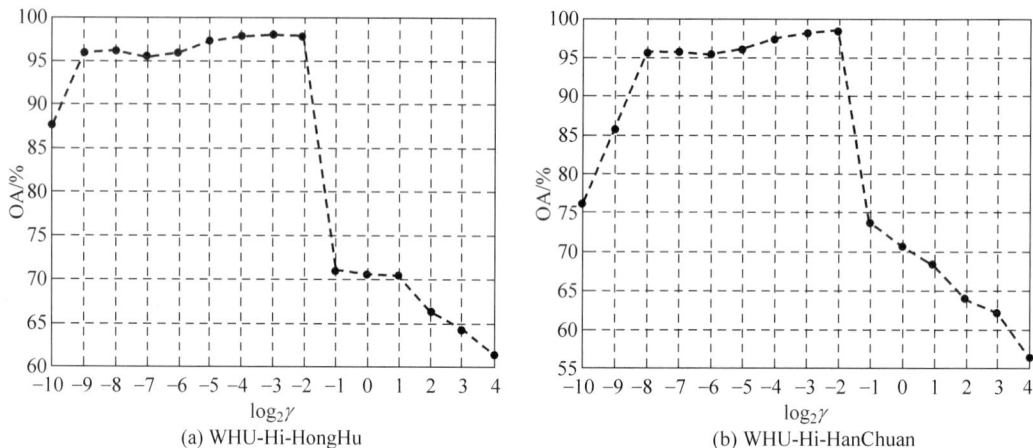

(a) WHU-Hi-HongHu   (b) WHU-Hi-HanChuan

图 5-21　参数 γ 对 KTSSCC 性能的影响

6. 参数 λ 对 KTSSCC 性能的影响

为了研究正则化参数 λ 的影响，分别在两个实验数据的验证样本上评估了 KTSSCC 的整体精度变化。其他实验设置遵循算法性能评估实验的设置。从图 5-22(a) 可以看出，当 λ 小于 10^{-4} 时，KTSSCC 的整体精度略有变化。然而，当 λ 大于 10^{-4} 时，KTSSCC 的整体精度迅速下降。因此，KTSSCC 在 WHU-Hi-HongHu 数据集上对 $\{10^t\}_{t=-12}^{-4}$ 范围内的参数 λ 具有稳健性。此外，从图 5-22(b) 可以看出，在 WHU-Hi-HanChuan 数据集上，λ 的稳健范围为 $\{10^t\}_{t=-12}^{-3}$。

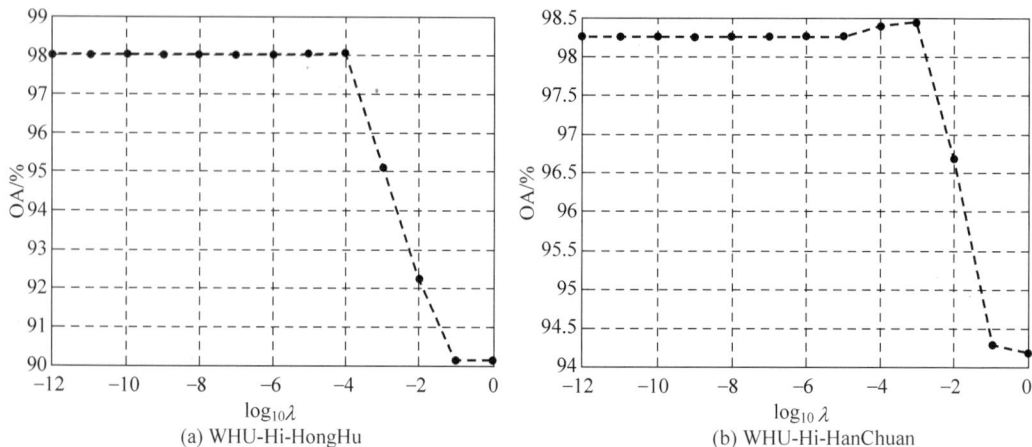

(a) WHU-Hi-HongHu   (b) WHU-Hi-HanChuan

图 5-22　参数 λ 对 KTSSCC 性能的影响

5.4 本章小结

本章基于张量代数基础,提出了几种新的 SCC 方法,分别为 HPSCC-SNT、SSCTC-CDR 和 KTSSCC。与传统的 SCC 和 JSCC 相比,提出的张量表示法利用高光谱像素的张量结构信息,尽可能多地保留了某个像素及其空间近邻的原始空间约束。所提出的这 3 种方法分别在稳健性、高效性和非线性方面有较好的改进。在真实高光谱数据集上的实验结果表明,提出的新算法能够实现精确的分类。

参考文献

[1] Xie Q. et al. Estimating winter wheat leaf area index from ground and hyperspectral observations using vegetation indices[J]. IEEE Journal of Selected Topics in Applied Earth Observations and Remote Sensing,2016,9(2): 771-780.

[2] Mwaniki M W,Matthias M S,Schellmann G. Application of remote sensing technologies to map the structural geology of central region of Kenya[J]. IEEE Journal of Selected Topics in Applied Earth Observations and Remote Sensing,2015,8(4): 1855-1867.

[3] Wang Q,Wei Y,Chen Y,et al. Hyperspectral soil dispersion model for the source region of the Zhouqu debris flow,Gansu,China[J]. IEEE Journal of Selected Topics in Applied Earth Observations and Remote Sensing,2016,9(2): 876-883.

[4] Chen T,Yuen P,Richardson M,et al. Detection of psychological stress using a hyperspectral imaging technique[J]. IEEE Transactions on Affective Computing,2014,5(4): 391-405.

[5] Melgani F,Bruzzone L. Classification of hyperspectral remote sensing images with support vector machines[J]. IEEE Transactions on Geoscience and Remote Sensing,2004,42(8): 1778-1790.

[6] Demir B,Erturk S. Hyperspectral image classification using relevance vector machines[J]. IEEE Geoscience and Remote Sensing Letters,2007,4(4): 586-590.

[7] Landgrebe D A. Signal Theory Methods in Multispectral Remote Sensing[M]. Hoboken,NJ,USA: Wiley,2003.

[8] Camps-Valls G,Gomez-Chova L,Munoz-Mari J,Vila-Frances J,Calpe-Maravilla J. Composite kernels for hyperspectral image classification [J]. IEEE Geoscience and Remote Sensing Letters,2006,3(1): 93-97.

[9] Zhou Y,Peng J,Chen C L P. Extreme learning machine with composite kernels for hyperspectral image classification[J]. IEEE Journal of Selected Topics in Applied Earth Observations and Remote Sensing,2015,8(6): 2351-2360.

[10] Bruzzone L,Chi M,Marconcini M. A novel transductive SVM for semisupervised classification of remote-sensing images[J]. IEEE Transactions on Geoscience and Remote Sensing,2006,44(11): 3363-3373.

[11] Gomez-Chova L,Camps-Valls G,Munoz-Mari J,et al. Semisupervised image classification with Laplacian support vector machines[J]. IEEE Geoscience and Remote Sensing Letters,2008,5(3):

336-340.

[12] Gu Y,Feng K. Optimized Laplacian SVM with distance metric learning for hyperspectral image classification[J]. IEEE Journal of Selected Topics in Applied Earth Observations and Remote Sensing,2013,6(3): 1109-1117.

[13] Yang L,Yang S,Jin P,et al. Semi-supervised hyperspectral image classification using spatio-spectral Laplacian support vector machine[J]. IEEE Geoscience and Remote Sensing Letters,2014,11(3): 651-655.

[14] Ji R,Gao Y,Hong R,et al. Spectral-spatial constraint hyperspectral image classification[J]. IEEE Transactions on Geoscience and Remote Sensing,2014,52(3): 1811-1824.

[15] Wright J,Yang A Y,Ganesh A,Sastry S S,Ma Y. Robust face recognition via sparse representation [J]. IEEE Transactions on Pattern Analysis and Machine Intelligence,2009,31(2): 210-227.

[16] Liu J, Wu Z,Wei Z,et al. Spatial-spectral kernel sparse representation for hyperspectral image classification[J]. IEEE Journal of Selected Topics in Applied Earth Observations and Remote Sensing,2013,6(6): 2462-2471.

[17] Chen Y,Nasrabadi N M,Tran T D. Hyperspectral image classification using dictionary-based sparse representation[J]. IEEE Transactions on Geoscience and Remote Sensing,2011,49(10): 3973-3985.

[18] Castrodad,Xing Z,Greer J B,et al. Learning discriminative sparse representations for modeling, source separation,and mapping of hyperspectral imagery[J]. IEEE Transactions on Geoscience and Remote Sensing,2011,49(11): 4263-4281.

[19] Chen Y,Nasrabadi N M,Tran T D. Hyperspectral image classification via kernel sparse representation[J]. IEEE Transactions on Geoscience and Remote Sensing,2013,51(1): 217-231.

[20] Fang L,Li S,Kang X,et al. Spectral-spatial hyperspectral image classification via multiscale adaptive sparse representation[J]. IEEE Transactions on Geoscience and Remote Sensing, 2014, 52(12): 7738-7749.

[21] He L,Li Y,Li X,et al. Spectral-spatial classification of hyperspectral images via spatial translation-invariant wavelet-based sparse representation[J]. IEEE Transactions on Geoscience and Remote Sensing,2015,53(5): 2696-2712.

[22] Fu W, Li S, Fang L, et al. Hyperspectral image classification via shape-adaptive joint sparse representation[J]. IEEE Journal of Selected Topics in Applied Earth Observations and Remote Sensing,2016,9(2): 556-567.

[23] Cui M,Prasad S. Class-dependent sparse representation classifier for robust hyperspectral image classification[J]. IEEE Transactions on Geoscience and Remote Sensing,2015,53(5): 2683-2695.

[24] Wu Z,Wang Q,Plaza A, et al. Parallel implementation of sparse representation classifiers for hyperspectral imagery on GPUs[J]. IEEE Journal of Selected Topics in Applied Earth Observations and Remote Sensing,2015,8(6): 2912-2925.

[25] Soltani-Farani,Rabiee H R. When pixels team up: Spatially weighted sparse coding for hyperspectral image classification[J]. IEEE Geoscience and Remote Sensing Letters,2015,12(1): 107-111.

[26] Soltani-Farani,Rabiee H R,Hosseini S A. Spatial-aware dictionary learning for hyperspectral image classification[J]. IEEE Transactions on Geoscience and Remote Sensing,2015,53(1): 527-541.

[27] Zhang H,Li J,Huang Y,et al. A nonlocal weighted joint sparse representation classification method for hyperspectral imagery[J]. IEEE Journal of Selected Topics in Applied Earth Observations and Remote Sensing,2014,7(6): 2056-2065.

[28] Yang S, Wang M, Li P, et al. Compressive hyperspectral imaging via sparse tensor and nonlinear compressed sensing [J]. IEEE Transactions on Geoscience and Remote Sensing, 2015, 53(11): 5943-5957.

[29] Zhang L, Zhang L, Tao D, et al. Tensor discriminative locality alignment for hyperspectral image spectral-spatial feature extraction[J]. IEEE Transactions on Geoscience and Remote Sensing, 2013, 51(1): 242-256.

[30] Jia S, Zhu Z, Shen L, et al. A two-stage feature selection framework for hyperspectral image classification using few labeled samples [J]. IEEE Journal of Selected Topics in Applied Earth Observations and Remote Sensing, 2014, 7(4): 1023-1035.

[31] Guo X, Huang X, Zhang L, et al, Benediktsson J A. Support tensor machines for classification of hyperspectral remote sensing imagery[J]. IEEE Transactions on Geoscience and Remote Sensing, 2016, 54(6): 3248-3264.

[32] Foody G. Remote Sensing Image Analysis: Including the Spatial Domain[M]. Norwell, MA, USA: Kluwer, 2004.

[33] Kolda T G, Bader B W. Tensor decompositions and applications[J]. SIAM Review, 2009, 51(3): 455-500.

[34] Tropp J A, Gilbert A C. Signal recovery from random measurements via orthogonal matching pursuit [J]. IEEE Transactions on Information Theory, 2007, 53(12): 4655-4666.

[35] Dai W, Milenkovic O. Subspace pursuit for compressive sensing signal reconstruction[J]. IEEE Transactions on Information Theory, 2009, 55(5): 2230-2249.

[36] Tropp J A, Gilbert A C, Strauss M J. Algorithms for simultaneous sparse approximation. Part I: Greedy pursuit[J]. Signal Processing-Special Issue Sparse Approximation and Signal Image Processing, 2006, 86(3): 572-588.

[37] Donoho D L, et al. SparseLab2. 0. Accessed: May 26, 2007. [Online]. Available: http://sparselab. stanford. edu.

[38] Chang C C, Lin C J. LIBSVM: A library for support vector machines[J]. ACM Transactions on Intelligent Systems and Technology, 2011, 2(3): 27: 1-27: 27. [Online]. Available: http://www. csie. ntu. edu. tw/cjlin/libsvm.

[39] Soltani-Farani et al. Spatially-Weighted Sparse Coding. Accessed: May 1, 2014. [Online]. Available: http://ssp. dml. ir/research/swsc.

[40] Soltani-Farani et al. Spatial-Aware Dictionary Learning. Accessed: Apr. 1, 2014. [Online]. Available: http://ssp. dml. ir/research/wpcontent/uploads/2013/07/HSI. zip.

[41] Richards J A, Jia X. Remote Sensing Digital Image Analysis: An Introduction (fourth edition)[M]. New York, NY, USA: Springer-Verlag, 2006.

[42] Kim Y, Kim Y. Hyperspectral image classification based on spectral mixture analysis for crop type determination[C]. 2018 IEEE International Geoscience and Remote Sensing Symposium, Valencia, Spain, 2018: 5304-5307.

[43] Xia J, Yang Y, Cao H, et al. Hyperspectral identification and classification of oilseed rape waterlogging stress levels using parallel computing[J]. IEEE Access, 2018, 6: 57663-57675.

[44] Tan K, Li E, Du Q, et al. Hyperspectral image classification using band selection and morphological profiles[J]. IEEE Journal of Selected Topics in Applied Earth Observations and Remote Sensing, 2014, 7(1): 40-48.

[45] Peng J T, Zhou Y C, Chen C L P. Region-kernel based support vector machines for hyperspectral

image classification[J]. IEEE Transactions on Geoscience and Remote Sensing, 2015, 53(9): 4810-4824.

[46] Barlow H. Single units and sensation: a neuron doctrine for perceptual psychology? [J] Perception, 1972, 1: 371-394.

[47] Yang L X, Wang M, Yang S Y, et al. Hybrid probabilistic sparse coding with spatial neighbor tensor for hyperspectral imagery classification[J]. IEEE Transactions on Geoscience and Remote Sensing, 2018, 56(5): 2491-2502.

[48] [online] http://www.ehu.eus/ccwintco/index.php? title=Hyperspectral Remote Sensing Scenes.

[49] Zhou Y C, Wei Y T. Learning hierarchical spectral-spatial features for hyperspectral image classification[J]. IEEE Transactions on Cybernetics, 2016, 46(7): 1667-1678.

[50] Pan B, Shi Z W, Xu X. R-VCANet: A new Deep-learning-based hyperspectral image classification method[J]. IEEE Journal of Selected Topics in Applied Earth Observations and Remote Sensing, 2017, 10(5): 1975-1986.

[51] Luciani R, Laneve G, Jahjah M. Agricultural monitoring, an automatic procedure for crop mapping and yield estimation: the great rift valley of Kenya case[J]. IEEE Journal of Selected Topics in Applied Earth Observations and Remote Sensing, 2019, 12(7): 2196-2208.

[52] Orynbaikyzy A, Gessner U, Conrad C. Crop type classification using a combination of optical and radar remote sensing data: a review[J]. International Journal of Remote Sensing, 2019, 40(17): 6553-6595.

[53] Zhao J, Zhong Y, et al. A robust spectral-spatial approach to identifying heterogeneous crops using remote sensing imagery with high spectral and spatial resolutions[J]. Remote Sensing Environment, 2020, 239: 111605.

[54] Wei L, Wang K, et al. Crops fine classification in airborne hyperspectral imagery based on multi-feature fusion and deep learning[J]. Remote Sensing, 2021, 13(15): 2917.

[55] Lu X, Huang X, et al. A review of farmland fragmentation in China[J]. Journal of Resources and Ecology, 2013, 4(4): 344-353.

[56] Zhong Y, Hu X, Luo C, et al. WHU-Hi: UAV-borne hyperspectral with high spatial resolution (H2) benchmark datasets and classifier for precise crop identification based on deep convolutional neural network with CRF[J]. Remote Sensing of Environment, 2020, 250: 112012.

[57] Adão T, Hruška J, et al. Hyperspectral imaging: a review on UAV-based sensors, data processing and applications for agriculture and forestry[J]. Remote Sensing, 2017, 9(11): 1110.

[58] Zhong Y, Wang X, et al. Mini-UAV-borne hyperspectral remote sensing: from observation and processing to applications[J]. IEEE Geoscience and Remote Sensing Magazine, 2018, 6(4): 46-62.

[59] Hu X, Zhong Y, Wang X, et al. SPNet: spectral patching end-to-end classification network for UAV-borne hyperspectral imagery with high spatial and spectral resolutions[J]. IEEE Transactions on Geoscience and Remote Sensing, 2022, 60: 1-17.

[60] Ghamisi P, et al. New frontiers in spectral-spatial hyperspectral image classification: the latest advances based on mathematical morphology, markov random fields, segmentation, sparse representation, and deep learning[J]. IEEE Geoscience and Remote Sensing Magazine, 2018, 6(3): 10-43.

[61] Ghamisi P, Plaza J, Chen Y, et al. Advanced Spectral Classifiers for Hyperspectral Images: A review [J]. IEEE Geoscience and Remote Sensing Magazine, 2017, 5(1): 8-32.

[62] Liu Q, Xiao L, Yang J, et al. CNN-enhanced graph convolutional network with pixel- and superpixel-level

feature fusion for hyperspectral image classification[J]. IEEE Transactions on Geoscience and Remote Sensing,2021,59(10): 8657-8671.

[63]　Ma T,Dong B,Qv H. Spatial first hyperspectral image classification with graph convolution network [J]. IEEE Access,2022,10: 39533-39544.

[64]　Peng J,et al. Local adaptive joint sparse representation for hyperspectral image classification[J]. Neurocomputing,2019,334: 239-248.

[65]　Yz A,et al. Locality-constrained sparse representation for hyperspectral image classification[J]. Information Sciences,2021,546: 858-870.

[66]　Yang L,Zhang R,Yang S,et al. Hyperspectral image classification via slice sparse coding tensor based classifier with compressive dimensionality reduction[J]. IEEE Access,2020,8: 145207-145215.

[67]　Li Y,Melgani F,He B. Fully convolutional SVM for car detection in UAV imagery[C]. 2019 IEEE International Geoscience and Remote Sensing Symposium,Yokohama,Japan,2019: 2451-2454.

[68]　Liu G,Qi L,Tie Y,et al. Hyperspectral image classification using kernel fused representation via a spatial-spectral composite kernel with ideal regularization[J]. IEEE Geoscience and Remote Sensing Letters,2019,16(9): 1422-1426.

[69]　Tu B, Zhou C, Liao X, et al. Spectral-spatial hyperspectral classification via structural-kernel collaborative representation[J]. IEEE Geoscience and Remote Sensing Letters, 2021, 18 (5): 861-865.

[70]　Ma K Y,Chang C I. Kernel-based constrained energy minimization for hyperspectral mixed pixel classification[J]. IEEE Transactions on Geoscience and Remote Sensing,2022,60: 1-23.

[71]　Zhang X,Wei Y,Cao W,et al. Local Correntropy Matrix Representation for Hyperspectral Image Classification[J]. IEEE Transactions on Geoscience and Remote Sensing,2022,60: 1-13.

[72]　Zhong Y,Wang X,Xu Y,et al. Mini-UAV-borne hyperspectral remote sensing: from observation and processing to applications[J]. IEEE Geoscience and Remote Sensing Magazine,2018,6(4): 46-62.

[73]　http://rsidea.whu.edu.cn/resource_WHUHi_sharing.htm.

(a) 地面实况　(b) 测试像素

彩图

(c) SS-SVM (OA=70.49%)　(d) SS-LSSVM (OA=68.89%)　(e) CCS4-LSSVM (OA=74.77%)

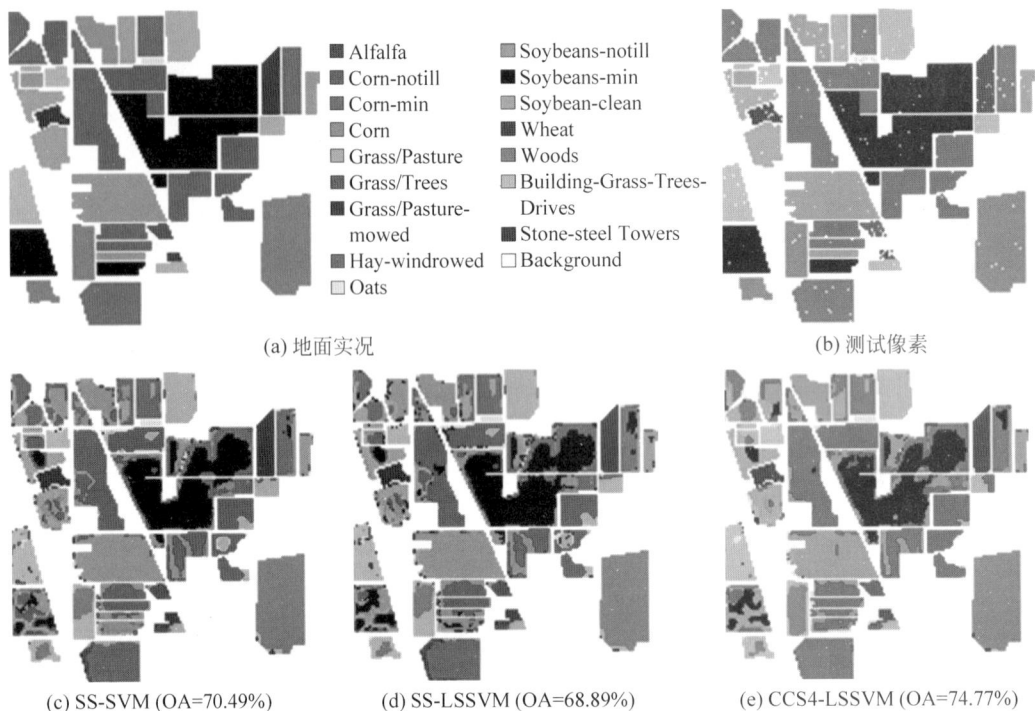

图 3-11　SS-SVM、SS-LSSVM 和 CCS4-LSSVM 方法在 Indian Pines 影像上的分类结果

(Overall Accuracy，OA)、平均精度(Average Accuracy，AA)、Kappa 系数[58]等详见表 3-7，每一行中的粗体值表示 3 种方法中的最佳结果。从结果可以看出，除了 Stone-steel Towers 类(颜色代码为深灰色)，在大多数类别中，CCS4-LSSVM 优于 SS-SVM 和 SS-LSSVM。此外，CCS4-LSSVM 的 OA 值高于 SS-SVM 和 SS-LSSVM。而且 CCS4-LSSVM 比 SS-SVM 和 SS-LSSVM 更稀疏。因此，CCS4-LSSVM 的测试时间是最少的。此外，CCS4-LSSVM 的训练时间大于 SS-LSSVM，但小于 SS-SVM。

表 3-6　不同方法在 Indian Pines 影像上的分类精度

类　　别	SS-SVM	SS-LSSVM	CCS4-LSSVM
Alfalfa/%	**92.67**	90.22	91.78
Corn-notill/%	59.50	53.81	**65.00**
Corn-min/%	63.85	59.20	**67.57**
Corn/%	77.37	80.58	**85.40**
Grass/Pasture/%	78.07	77.25	**78.42**
Grass/Trees/%	87.96	89.31	**95.48**
Grass/Pasture-mowed/%	97.06	99.41	**100.00**
Hay-windrowed/%	86.64	87.66	**94.09**
Oats/%	98.18	**100.00**	100.00
Soybeans-notill/%	73.76	71.82	**75.01**